XIANDAI JIAOHUAN JISHU
SHIYAN JIAOCHENG

现代交换技术
实验教程

闫晓东◎编著

中央民族大学出版社
China Minzu University Press

图书在版编目（ＣＩＰ）数据

现代交换技术实验教程/闫晓东编著. —北京:中央民族大学出版社,2018.4（重印）

ISBN 978 - 7 - 5660 - 1411 - 5

Ⅰ.①现… Ⅱ.①闫… Ⅲ.①程控交换技术—实验—教材 Ⅳ.①TN916.42 - 33

中国版本图书馆 CIP 数据核字（2017）第 173037 号

现代交换技术实验教程

编　　著	闫晓东	
责任编辑	满福玺	
责任校对	杜星宇	
封面设计	汤建军	
出 版 者	中央民族大学出版社	

北京市海淀区中关村南大街 27 号　邮编:100081

电话:68472815（发行部）　　传真:68932751（发行部）

　　　68932218（总编室）　　　　68932447（办公室）

发 行 者	全国各地新华书店	
印 刷 厂	北京建宏印刷有限公司	
开　　本	787×1092（毫米）　1/16　印张:11.25	
字　　数	220 千字	
版　　次	2017 年 11 月第 1 版　2018 年 4 月第 2 次印刷	
书　　号	ISBN 978 - 7 - 5660 - 1411 - 5	
定　　价	49.00 元	

前　言

随着中国通信行业的不断发展，电信领域正在向着移动化、宽带化的方向不断融合。窄带、宽带、移动、光网络设备的融合不断加速，因此中央民族大学信息工程学院通信系于 2010 年与中兴通讯股份有限公司合作，从中国网络的应用现状出发，设计了一个完整的线网运营模拟方案，以使实训方案能够更好地完成对电信网络现状的模拟与训练。

本方案采用固网程控交换平台、光传输平台、数据网络平台、TD－SCDMA 3G 无线移动平台、2.5G/3G 综合移动核心网，以及通信电源系统，组成一个相互连接的小型电信业务平台，实现模拟网络运行，各个网络对接，并能够完成对每种设备平台的实训与研究。

为了更好地满足学校进行通信设备实验及实训的要求，方案中提供了中兴通讯 NC 教育管理中心专为满足学校通信教育要求而设计的通信仿真教学系统，包括程控交换仿真教学系统及 TD－SCDMA 仿真教学系统，同时向学校提供中兴通讯 NC 教育管理中心与北京华晟高科教学仪器有限公司联合开发的实训平台管理系统。

本方案中，将着重介绍固网程控交换平台、光传输平台、数据网络平台、TD－SCDMA 3G 无线移动平台、2.5G/3G 综合移动核心网等几个部分，并且将详细给出它们的技术指标及组网方案。

其中的现代交换实验平台，以 ZXJ10 程控交换机为基本实验硬件基础，能够完成现代交换系统相关的认知性实验、基础实验，以及实训训练。

现代交换原理课程是一门理论和实践相结合的课程。学生通过真实的交换网络平台，信号音观察实验，BORSCHT 测试实验，物理数据配置实验，用户放号及号码分析实验，本局用户接续跟踪实验，新业务设置实验，用户电路、中继电路测试实验，No.1、No.7 局间信令调试实验，2B＋D/30B＋D 综合接入实验，计费数据配置与查询分析实验，话务统计配置与查询分析实验，可以体会到实践内容的新颖、易懂和实用，对理解理论课程的重点和难点有很大帮助。

1

目　　录

第1章 现代交换概论

1.1 交 换

一个最简单的通信系统是只有两个用户终端和连接这两个终端的传输线路所构成的通信系统。这种通信系统所实现的通信方式，我们称为点到点通信方式，如图1.1所示。

图1.1 点到点通信方式

1.2 各种交换方式

在通信网中，交换功能是由交换节点即交换设备来完成的。不同的通信网络由于所支持业务的特性不同，其交换设备所采用的交换方式也各不相同，目前在通信网中所采用的或曾出现的交换方式主要有以下几种：

电路交换、帧中继、多速率电路交换、ATM交换、快速电路交换、IP交换、分组交换、光交换、帧交换、软交换。

常用的分类方法：

若按照信息传送模式的不同，可将交换方式分为电路传送模式（CTM – Circuit Transfer Mode）、分组传送模式（PTM – Packet Transfer Mode）和异步传送模式（ATM – Asynchronous Transfer Mode）三类，如电路交换、多速率电路交换、快速电路交换属于电路传送模式，分组交换、帧交换、帧中继属于分组传送模式，而ATM

1

交换则属于异步传送模式。

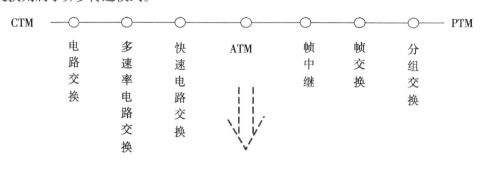

图1.2　各种交换方式

1.2.1　电路交换（CS：Circuit Switching）

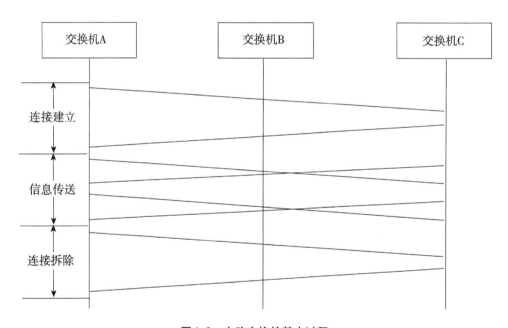

图1.3　电路交换的基本过程

电路交换具有以下六个特点：

（1）信息传送的最小单位是时隙。

（2）面向连接的工作方式（物理连接）。

（3）同步时分复用（固定分配带宽），如图1.4。

（4）信息传送无差错控制。

（5）信息具有透明性。

（6）基于呼叫损失制的流量控制。

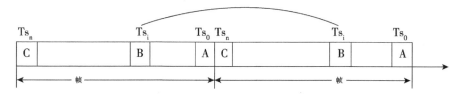

图 1.4　同步时分复用的基本原理

如图 1.5 所示，电路交换基于 PCM30/32 路同步时分复用系统，每秒传送 8000 帧，每帧 32 个时隙，每个时隙 8bit，每路通信信道（TS）为 64kbit/s 恒定速率，即对每路通信所分配的带宽是固定的。在信息传送阶段不管有无信息传送，都占用这个 TS 子信道，直到通信结束。

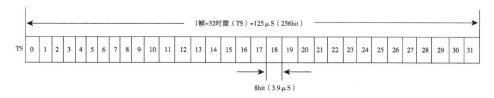

图 1.5　PCM30/32 路同步时分复用系统

1.2.2　多速率电路交换（Multi-Rate Circuit Switching，MRCS）

多速率电路交换其本质还是电路交换，具有电路交换的主要特点，我们可以将其看作采用电路交换方式为用户提供多种速率的交换方式。

多速率电路交换和电路交换都采用同步时分复用方式，即只有一个固定的基本信道速率，如 64kbit/s。多速率电路交换的一种实现方式是将几个这样的基本信道捆绑起来构成一个速率更高的信道，供某个通信使用，从而实现多速率交换。

实现多速率电路交换的另一种方式是设置多种基本信道速率，这样，一个帧就被划分为不同长度的时隙，如图 1.6 和图 1.7。

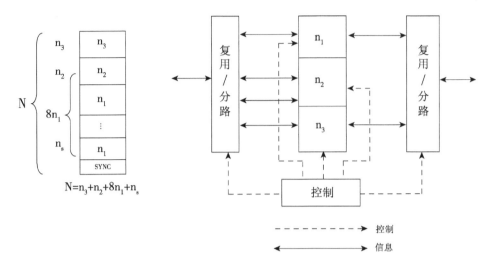

图1.6 采用不同基本信道速率的帧结构　图1.7 采用多种基本信道速率的多速率电路交换系统

从上述多速率电路交换实现的方法来看，该交换方式还是基于固定带宽分配的，虽然能提供多种速率，但这些速率是事先定制好的，而且速率类型不能太多，否则其控制和交换网络会非常复杂，甚至无法实际实现，因而这种交换方式不能真正灵活地适应突发业务。

1.2.3　快速电路交换（Fast Circuit Switching，FCS）

在快速电路交换中，当呼叫建立时，在呼叫连接上的所有交换节点要在相应的路由上分配所需的带宽，与电路交换不同的是交换节点只记住所分配的带宽和相应路由连接关系，而不完成实际的物理连接。当用户真正要传送信息时，才根据事先分配的带宽和建立的连接关系，建立物理连接；当没有信息传送时，则拆除该物理连接。由此可知，快速电路交换是在要传送用户信息时才连接物理传输通道，即只在信息要传送时才使用所分配的带宽和相关资源，因而它提高了带宽的利用率。

1.2.4　分组交换（Packet Switching，PS）

分组交换的本质就是存储转发，它将所接收的分组暂时存储下来，在目的方向路由上排队，当它可以发送信息时，再将信息发送到相应的路由上，完成转发。其存储转发的过程就是分组交换的过程，图1.8说明了分组交换的基本过程。

分组交换有两种方式：一种是虚电路（Virtual Circuit，VC）方式；另一种是数据报（Datagram，DG）方式。

4

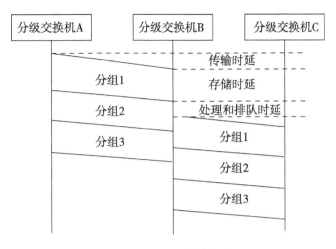

图 1.8　分组交换的基本过程

虚电路采用面向连接的工作方式（Oriented Connection，OC），其通信过程与电路交换相似，具有连接建立、数据传送和连接拆除三个阶段，即在用户数据传送前先建立端到端的虚连接；一旦虚连接建立后，属于同一呼叫的数据分组均沿着这一虚连接传送；通信结束时拆除该虚连接。虚连接也称为虚电路，即逻辑连接，它不同于电路交换中的实际的物理连接，而是通过通信连接上的所有交换节点保存选路结果和路由连接关系来实现连接的，因而是逻辑的连接。虚电路方式的特点如图1.9 所示。

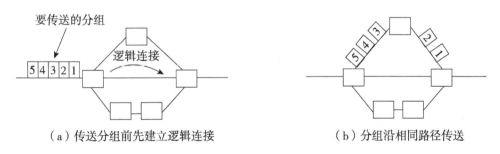

（a）传送分组前先建立逻辑连接　　　　　（b）分组沿相同路径传送

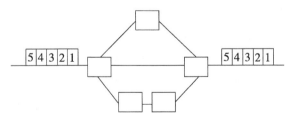

（c）发送分组顺序与接收分组顺序相同

图 1.9　虚电路方式的特点

数据报采用无连接工作方式（Connection Less，CL），在呼叫前不需要事先建立连接，而是边传送信息边选路，并且各个分组依据分组头中的目的地址独立地进行选路。

（a）无需建立源到目的之间的连接直接发送分组　　　　（b）分组沿不同路径传送

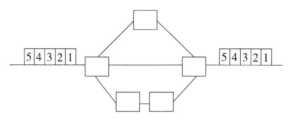

（c）发送分组与接收分组顺序不一致

图 1.10　数据报方式特点

面向连接工作方式和无连接工作方式的特点。

1. 面向连接工作方式的特点

不管是面向物理的连接还是面向逻辑的连接，其通信过程可分为三个阶段：连接建立、传送信息、连接拆除。

一旦连接建立，该通信的所有信息均沿着这个连接路径传送，且保证信息的有序性（发送信息顺序与接收信息顺序一致）。

信息传送的时延相比无连接工作方式要小。

一旦所建立的连接出现故障，信息传送就要中断，必须重新建立连接，因此对故障敏感。

2. 无连接工作方式的特点

没有连接建立过程，一边选路，一边传送信息。

属于同一个通信的信息沿不同路径到达目的地，该路径事先无法预知，无法保证信息的有序性（发送信息的顺序与接收信息的顺序不一致）。

信息传送的时延相比面向连接工作方式要大。

对网络故障不敏感。

分组交换具有以下特点：

信息传送的最小单位是分组（Packet），分组由分组头和用户信息组成，分组头含有选路和控制信息。面向连接（逻辑连接）和无连接两种工作方式。虚电路采用面向连接的工作方式，数据报是无连接工作方式。

统计时分复用（动态分配带宽）

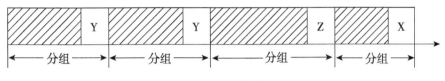

X，Y，Z：标志

图 1.11　统计时分复用的基本原理

统计时分复用的基本原理是把时间划分为不等长的时间片，长短不同的时间片就是传送不同长度分组所需的时间，对每路通信没有固定分配时间片，而是按需来使用。当某路通信需要传送的分组多时，所占用的时间片就多；传送的分组少时，所占用的时间片就少。这就意味着使用这条复用线传送分组时间的长短，由此可见统计时分复用是动态分配带宽的。

信息传送有差错控制，信息传送不具有透明性，基于呼叫延迟制的流量控制。分组交换的技术特点决定了它不适合对实时性要求较高的话音业务，而适合突发（burst）和对差错敏感的数据业务。

1.2.5　帧交换（Frame Switching，FS）

帧交换是一种帧方式的承载业务，为克服分组交换协议处理复杂的缺点，它简化了协议，其协议栈只有物理层和数据链路层，去掉了三层协议功能，从而加快了处理速度。由于在二层上传送的数据单元为帧，因此称其为帧交换。

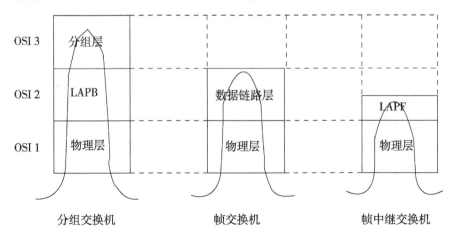

图 1.12　分组交换、帧交换、帧中继协议处理的不同

1.2.6 帧中继（Frame Relay，FR）

帧中继与帧交换方式相比，其协议进一步简化，它不仅没有三层协议功能，而且对二层协议也进行了简化。它只保留了二层数据链路层的核心功能，没有了流量控制、重发等功能，以达到为用户提供高吞吐量、低时延，并适应突发性的数据业务的目的。

表 1.1 分组交换、帧交换、帧中继技术特点比较

交换类型	分组交换	帧交换	帧中继
信息传送最小单位	分组	帧	帧
协议	OSI 1、2、3（x.25 协议）	OSI 1、2	OSI 1、2（核心）
信息与信令传送信道	不分离	分离	分离

1.2.7 ATM 交换

CTM 技术特点是固定分配带宽、面向物理连接、同步时分复用，适应实时话音业务，具有较好的时间透明性。

PTM 技术特点是动态分配带宽、面向无连接或逻辑连接、统计时分复用，适应可靠性要求较高、有突发特性的数据通信业务，具有较好的语义透明性。

ATM 交换技术是以分组传送模式为基础并融合了电路传送模式的优点发展而来的，兼具分组传送模式和电路传送模式的优点。

ATM 交换技术主要有以下几个特点：

固定长度的信元和简化的信头，采用了异步时分复用方式，采用了面向连接的工作方式。ATM 技术是以分组传送模式为基础并融合了电路传送模式高速化的优点发展而成的。采用异步时分复用方式，实现了动态分配带宽，可适应任意速率的业务；固定长度的信元和简化的信头，使快速交换和简化协议处理成为可能，从而极大地提高了网络的传输处理能力，使实时业务应用成为可能。

图 1.13 异步时分复用的基本原理

1.2.8 IP 交换

在这里我们所说的 IP 交换是指一类 IP 与 ATM 融合的技术，它主要有两类：叠

加模型、集成模型。

属于叠加模型的 IP 交换技术主要有 CIP、IPOA 和 MPOA。在叠加模式中，IP 层运行于 ATM 层之上，实现信息传送需要两套地址——ATM 地址和 IP 地址、两种选路协议——ATM 选路协议和 IP 选路协议，还需要地址解析功能，完成 IP 地址到 ATM 地址的映射。

属于集成模型的 IP 交换技术主要有 IP 交换、Tag 交换和 MPLS。在集成模式中，只需要一种地址——IP 地址，一种选路协议——IP 选路协议，无须地址解析功能，不涉及 ATM 信令，但需要专用的控制协议完成三层选路到二层直通交换机构的映射。

1.2.9　光交换

网络中大量传送的是光信号，而在交换节点信息还以电信号的形式进行交换，那么当光信号进入交换机时，就必须将光信号转变成电信号，才能在交换机中交换，而经过交换后的电信号从交换机出来后，需要转变成光信号才能在光的传输网上传输，如图 1.19 所示。这样的转换过程不仅效率低下，而且由于涉及电信号的处理，要受到电子器件速率"瓶颈"的制约。

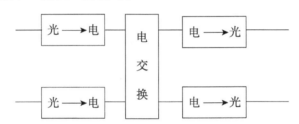

图 1.14　光信号的电交换

光交换基于光信号的交换，如图 1.20 所示。在整个光交换过程中，信号始终以光的形式存在，在进出交换机时不需要进行光/电转换或电/光转换，从而大大提高了网络信息传送和处理能力。

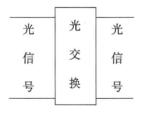

图 1. 15　光交换

1.2.10 软交换

NGN（Next Generation Network），即下一代网络，实现了传统的以电路交换为主的 PSTN 网络向以分组交换为主的 IP 电信网络的转变，从而使在 IP 网络上发展语音、视频、数据等多媒体综合业务成为可能。

软交换是下一代网络的控制功能实体，它独立于传送网络，主要完成呼叫控制、资源分配、协议处理、路由、认证、计费等主要功能，同时可以向用户提供现有电路交换机所能提供的所有业务，并向第三方提供可编程能力，它是下一代网络呼叫与控制的核心。

软交换最核心的思想就是业务/控制与传送/接入相分离，其特点具体体现在：

应用层和控制层与核心网络完全分开，以利于快速方便地引进新业务；

传统交换机的功能模块被分离为独立的网络部件，各部件功能可独立发展；

部件间的协议接口标准化，使自由组合各部分的功能产品组建网络成为可能，使异构网络的互通方便灵活；

具有标准的全开放应用平台，可为客户定制各种新业务和综合业务，最大限度地满足用户需求。

1.3 交换系统

1.3.1 交换系统的基本结构

电信交换系统主要由信息传送子系统和控制子系统组成。

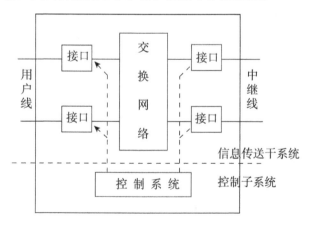

图 1.16 电信交换系统的基本结构

1. 信息传送子系统

信息传送子系统主要包括交换网络和各种接口。

交换网络：对于信息传送子系统来说，交换就是信息（话音、数据等）从某个接口进入交换系统经交换网络的交换从某个接口出去，由此可知交换系统中完成交换功能的主要部件就是交换网络，交换网络的最基本功能就是实现任意入线与出线的互连，它是交换系统的核心部件。

接口：接口的功能主要是将进入交换系统的信号转变为交换系统内部所适应的信号，或者是相反的过程，这种变换包括信号码型、速率等方面的变换，交换网络的接口主要分两类：用户接口和中继接口，用户接口是交换机连接用户线的接口，中继接口是交换机连接中继线的接口，主要有数字中继接口和模拟中继接口。

2. 控制子系统

控制子系统是由处理机及其运行的系统软件、应用软件和 OAM 软件所组成的。交换系统的控制子系统使用信令与用户和其他交换系统（交换节点）进行"协调和沟通"，以完成对交换的控制。信令是通信网中规范化的控制命令，它的作用是控制通信网中各种通信连接的建立和拆除，并维护通信网的正常运行。

1.3.2 交换系统的基本功能

通信网中通信接续的类型，即交换节点需要控制的基本接续类型主要有四种：即本局接续、出局接续、入局接续和转接（汇接）接续，如图 1.17 所示。

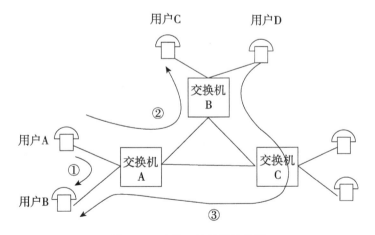

图 1.17 交换系统的接续类型

1. 本局接续

本局接续是只在本局用户之间建立的接续，即通信的主叫、被叫都在同一个交换局。如图 1.17 中的交换机 A 的两个用户 A 和 B 之间建立的接续①就是本局接续。

2. 出局接续

出局接续是主叫用户线与出中继线之间建立的接续，即通信的主叫在本交换局，而被叫在另一个交换局，如图 1.17 中的交换机 A 的用户 A 与交换机 B 的用户 C 之间建立的接续②，对于交换机 A 来说就是出局接续。

3. 入局接续

入局接续是被叫用户线与入中继线之间建立的接续，即通信的被叫在本交换局，而主叫在另一个交换局，如图 1.17 中的交换机 A 的用户 A 与交换机 B 的用户 C 之间建立的接续②，对于交换机 B 来说就是入局接续。

4. 转接（汇接）接续

转接（汇接）接续是入中继线与出中继线之间建立的接续，即通信的主被叫都不在本交换局，如图 1.17 中的交换机 B 的用户 D 与交换机 A 的用户 B 之间建立的接续③，对于交换机 C 来说就是转接（汇接）接续。

通过分析交换系统所要完成的四种接续类型，我们不难得出交换系统必须具备的最基本的功能是：能正确识别和接收从用户线或中继线发来的通信发起信号，能正确接收和分析从用户线或中继线发来的通信地址信号，能按目的地址正确地进行选路以及在中继线上转发信号，能控制连接的建立与拆除，能控制资源的分配与释放。

1.4　以交换为核心的通信网

1.4.1　通信网的分类

（1）根据通信网支持业务的不同进行分类，可分为：

电话通信网；电报通信网；数据通信网；综合业务数字网（ISDN）等。

（2）根据通信网采用的传送模式的不同进行分类，可分为：

电路传送网：PSTN、ISDN。

分组传送网：PSPDN（分组交换网）、FRN（帧中继网）。

异步传送网：B–ISDN。

（3）根据通信网采用传输媒介的不同进行分类，可分为：

有线通信网：传输媒介为架空明线、电缆、光缆。

无线通信网：通过电磁波在自由空间的传播传输信号，根据采用电磁波长的不同又可分为中/长波通信、短波通信和微波通信等。

（4）根据通信网使用场合的不同进行分类，可分为：

公用通信网：向公众开放使用的通信网，如公用电话网、公用数据网等。

专用通信网：没有向公众开放而由某个部门或单位使用的通信网，如专用电话网等。

（5）根据通信网传输和交换采用信号的不同进行分类，可分为：

数字通信网：抗干扰能力强，有较好的保密性和可靠性，目前已得到广泛应用。

模拟通信网：早期通信网，目前已很少应用。

1.4.2　通信网的分层体系结构

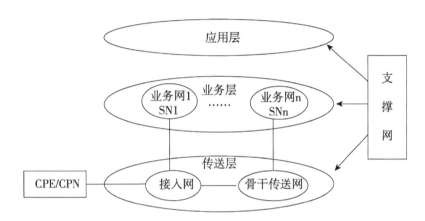

图 1.18　通信网的分层结构

表 1.2　业务网的种类及其应用特点

业务网	通信业务	业务节点	交换方式	应用特点
电话交换网 （PSTN）	模拟电话	数字程控电话交换机	电路交换	应用广泛
分组交换网 （PSPDN）	中低速数据 （≈64kbit/s）	分组交换机	分组交换	应用广泛、 可靠性高
窄带综合 业务数字网 （N-ISDN）	数字电话、传真、 数据等 （64—2048kbit/s）	ISDN 交换机	电路交换 分组交换	灵活方便、 节省开支
帧中继网 （FRN）	永久虚电路 （64—2048kbit/s）	帧中继交换机	帧中继	速率高、灵活 价格低
数字数据网 （DDN）	数据专线业务 （64—2048kbit/s）	数字交叉连接设备	电路交换	应用广泛、 速率高、价格高
宽带综合业务数字网 （B-ISDN）	多媒体业务 （≈155.52Mbit/s）	ATM 交换机	ATM 交换	高速宽带

业务网	通信业务	业务节点	交换方式	应用特点
IP 网	数据、IP 电话	路由器	分组交换	应用广泛、灵活简便
智能网（IN）	智能业务	业务交换点（SSP）业务控制点（SCP）等	—	快速提供新业务
数字移动通信网（GSM、CDMA）（GPRS）（3G）	电话、低速数据（8—16kbit/s）电话、低速数据（<100kbit/s）多媒体 2Mbit/s	移动交换机	电路交换分组交换	应用广泛、移动通信

1.4.3 通信网的组网结构

通信网的基本组网结构主要有星型网、环型网、网状网、树型网、总线型网和复合型网等。

1. 星型网

这种网络结构简单，节省线路，但中心交换节点的处理能力和可靠性会影响整个网络，因而全网的安全性较差，网络覆盖范围较小，适于网径较小的网络。

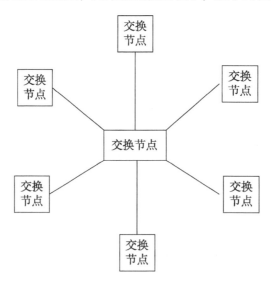

图 1.19　星型网

2. 环型网

环型网的结构简单，容易实现，但可靠性较差，如图 1.20 所示。

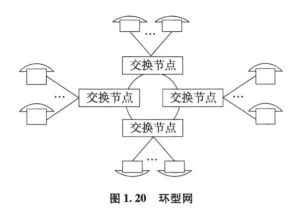

图 1.20　环型网

3. 网状网

网状网中所有交换节点两两互联，网络结构复杂，线路投资大，但可靠性高，如图 1.21 所示。

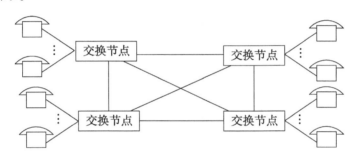

图 1.21　网状网

4. 树型网

树型网也叫分级网，网络结构的复杂性、线路投资的大小以及可靠性介于星型网和网状网之间，如图 1.22 所示。

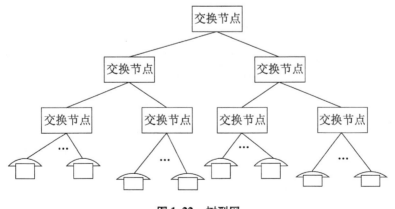

图 1.22　树型网

5. 总线型网

在总线型网中，所有交换节点都连接在总线上，这种网络线路投资经济，组网简单，但网络覆盖范围较小，可靠性不高，如图 1.23 所示。

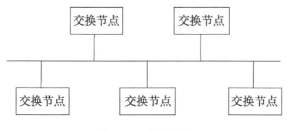

图 1.23　总线型网

6. 复合型网

复合型网是上述几种结构的混合形式，是根据具体应用情况的不同采用不同的网络结构组合而成。如图 1.24 所示。

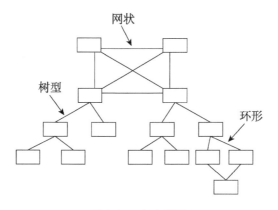

图 1.24　复合型网

1.4.4　通信网的质量要求

应能保证网内任意用户之间相互通信，应能保证满意的通信质量，具有较高的可靠性，投资和维护费用合理，能不断适应通信新业务和通信新技术的发展。

1.5　本章小结

本章对整个交换技术及通信网的发展和主要内容进行了描述。

第 2 章　程控交换平台的建立

2.1　程控交换在通信行业的地位及发展

2.1.1　程控交换目前在通信行业的发展地位

程控交换技术在中国已经非常成熟，对应的设备也基本由固网运营商建设完全。因此有程控交换在通信中占有"半壁江山"之说。借着电信重组的契机，程控交换将依然在今后很长时期内占有重要的地位。

有人说 NGN 技术必将取代程控交换，其实不然，程控交换的发展经历了几十年，已经非常完善。要求运营商一下子将程控交换换成 NGN 的想法不现实，而且 NGN 的设计中语音部分还是用程控交换实现，因此程控交换在今后很长时期内通信行业中是其他产品不可替代的。

2.1.2　建设程控交换实训平台的意义（程控交换在通信专业的作用）

程控交换是学习通信的基础，学好程控交换以后再学习其他通信设备，将会一通百通。程控交换技术及其对应的设备已经非常成熟，实际的模拟运营商的运行平台不仅能提高高校学生的社会竞争力，而且能够对通信专业的建设起到很好的指导作用。

建设程控交换实训平台，有利于学校提升硬件水平，走在通信专业建设前沿；有利于教师教学技能的提升；有利于学生动手能力的提高。

2.1.3　程控交换的基本原理（包括 4K 同 8K 的区别）以及核心指标

程控交换：简单点说程控交换就是程序控制交换网，其基本原理就是在数字交换机中，不仅仅要进行空分线路的交换（人们把它叫作"母线交换"），还要进行"时隙交换"，也就是说，数字交换包括母线交换和时隙交换两部分功能。数字交换采用"数字交换网络",后者由"数字接线器"组成。在数字交换机中,有两种数字接线器:T接线器和S接线器。前者负责时隙交换,后者负责母线交换。也就是说,程控交换是T接线器和S接线器的组合。

核心指标:中兴数字程控交换机类型较多,常见的根据容量和用途分为大型数字程控交换机,远端用户模块,交换模块和中心模块等。而分布最多的是交换模块。针对此,我们将列出最基本的8K和4K交换模块,之所以叫4K和8K是根据其交换容量来分的。4K其交换网为4K×4K,8K其交换网为8K×8K。

8K交换模块主要指标:可提供24个V5.2接口,160个V5通信通道;可提供64条64Kb/s或4条2Mb/s的七号信令链路;可提供65535个Centrex群;BHCA大于20000K;负荷能力>0.2Erl/用户线;>0.7Erl/中继线;>0.8Erl/七号信令链路;作为独立STP时,系统信令处理能力大于40000M/s。

4K交换模块主要指标:

典型容量——单机架为2400L+600DT,双机架为5280L+600DT

可提供24条64Kb/s 七号信令链路或V5.2接口模拟信令DTMF/MFC/TONE/CID共360路。

2.1.4 程控交换在实际运营商环境中的配置方式

程控交换在实际运营商配置主要有中心模块,4K,8K,16K等几种配置方式。其中心模块只在较大城市中拥有。

其中4K基本配置为单机架两机框如图2.1,8K基本配置为单机架四机框如图2.2。

1	2	3	4	5	6	7	8	9	10	11	12	13	14	15	16	17	18	19	20	21	22	23	24	25
POWB	SMEM			MP			MP			MPPP			STB			MON	TNET		ASIG				DTI		
1	2	3	4	5	6	7	8	9	10	11	12	13	14	15	16	17	18	19	20	21	22	23	24	25
POWA		ASLC	ASLC																			MTT		

图 2.1 4K 基本配置

1	2	3	4	5	6	7	8	9	10	11	12	13	14	15	16	17	18	19	20	21	22	23	24	25
POWB											ASIG-2	ASIG-3					DTI							
POWB		SMEM								MP			MP	MPPP							STB			
POWB			SYCK							DSN			DSNI	DSNI		DSNI	DSNI							
POWA		ASLC	ASLC																			MTT		SP

图 2.2　8K 基本配置

2.1.5　程控交换实验的基本实现方式

程控交换实验基本实现方式：

程控交换实验在硬件介绍部分主要介绍各单元单板的功能以及连接方式。程控交换实验在数据配置部分实现方式为在后台将数据配置完成后通过网络传送到前台验证数据配置。

2.1.6　程控交换的核心实验介绍

（1）程控交换机系统概述。

（2）程控交换机板件功能介绍。

（3）程控交换机提供的业务介绍。

（4）程控交换机资源分配介绍。

（5）BORSCHT 功能演示实验。

（6）程控交换机模块配置实验。

（7）程控交换机机框配置实验。

（8）程控交换机各单板配置实验。

（9）程控交换机模拟用户数据配置实验。

（10）程控交换机各种信号音观察实验。

（11）程控交换机七号数据配置实验。

（12）程控交换机 No. 7 ISUP 中继调试。

（13）程控交换机 No. 7 TUP 中继调试。

（14）程控交换机 No. 1 号信令中继调试实验。

（15）程控交换机指定中继占用实验。

（16）程控交换机消息跟踪实验。

（17）程控交换机状态查询及监控实验。

（18）本局通话调测。

（19）网管计费信息查询。

（20）网管告警信息查询。

（21）网管性能数据查询。

（22）模拟用户内外线及单板测试实验。

2.2　中兴 ZXJ10 在通信行业的地位及发展

2.2.1　ZXJ10 的核心单板的功能

如图 2.3 为 ZXJ10 联网工作情况图，图 2.4 为 ZXJ10 接口种类，图 2.5 给出了可提供的研发基础资料。

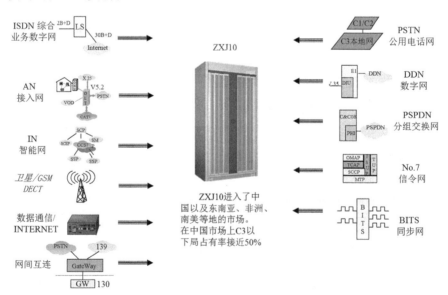

图 2.3　ZXJ10 联网工作情况

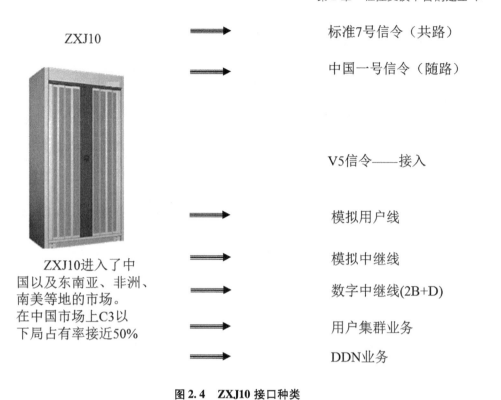

ZXJ10

标准7号信令（共路）

中国一号信令（随路）

V5信令——接入

模拟用户线

模拟中继线

数字中继线(2B+D)

用户集群业务

DDN业务

ZXJ10进入了中国以及东南亚、非洲、南美等地的市场。在中国市场上C3以下局占有率接近50%

图 2.4　ZXJ10 接口种类

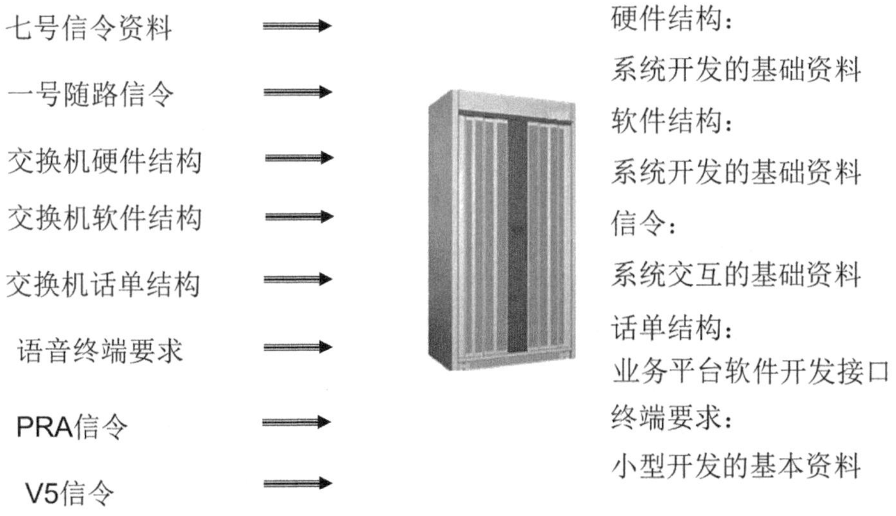

七号信令资料

一号随路信令

交换机硬件结构

交换机软件结构

交换机话单结构

语音终端要求

PRA信令

V5信令

硬件结构：

系统开发的基础资料

软件结构：

系统开发的基础资料

信令：

系统交互的基础资料

话单结构：

业务平台软件开发接口

终端要求：

小型开发的基本资料

图 2.5　可供研发基础

21

2.2.2 核心配置以及单板功能

1. MP（主处理器板）

（1）相当于一个功能强大且低功耗的 PIII 计算机。

（2）配备 flash 电子盘或 10GB 以上的硬盘，及具有两个高性能的 10M/100M 的以太网接口，MP 通过两对总线分别和 COMM 板及 SMEM 板通信，完成对各个单板的操控。

2. MPPP（模块内通信板）

完成 MP – SP 通信，最多可同时处理 32 个 HDLC 信道。物理层为 2MHW 线。每个逻辑链路（信道）可在 4 条 HW 中任意选择 1—32 个 TS，但总的时隙数不超过 32。

3. STB（七号信令板）

（1）完成七号信令、V5 等的链路层。最多可同时处理 32 个 HDLC 信道。物理层为 2MHW 线。每个逻辑链路（信道）可在 4 条 HW 中任意选择 1—32 个 TS，但总的时隙数不超过 32。

（2）提供 8 个通信端口。

4. PMON（环境及监控板）

负责监控各无 HW 单元工作。

5. DTI（数字中继板）

（1）DTI 板是数字中继接口板，用于局间数字中继，ISDN 基群速率接入（PRA），RSM 或者 RSU 至母局的数字链路，以及多模块内部的互联链路。

（2）每个单板提供 4 路 2Mbps 的 PCM 链路。

6. ASIG（模拟信令板）

为 ZXJ10 V10.0 交换机系统提供 TONE 及语音发送、DTMF 收发号、MFC 收发号、CID（Calling Identity Delivery）传送、忙音检测、会议电话等功能，并便于以后新功能的扩展和添加。该板所提供的所有功能均需通过 T 网转接至相应的单元。

7. DSN（8K 数字交换网板）

DSN 板单板容量为 8K×8K，用于交换模块组成 T 网，实现时隙交换功能。

8. DSNI（网络接口板）

提供 MP 与 T 网和 SP 与 T 网之间信号的接口，并完成 MP、SP 与 T 网之间各种传输信号的驱动功能。

9. SP（用户处理器板）

（1）向用户板及测试板提供 8MHz，2MHz，8KHz 时钟。

（2）提供两条双向 HDLC 通讯的 2M HW；还提供两条双向话路使用的 8M HW

线；另留 4 条 2MHW 供四块 MTT 高阻复用。

10. ASLC（模拟用户板）

（1）连接模拟用户与交换网。

（2）完成用户电路基本的 BORSCHT 功能，即馈电（B－Battery feed），过压保护（O－Overvoltage protection），振铃（R－Ringing），监视（S－Supervision），编解码（C－Codec），二／四线混合（H－Hybrid），测试（T－Test）七项功能（以上为交换机部分单板的主要功能，页面有限，其他不再介绍）。

2.3　ZXJ10 在实验室环境的标准配置情况

实验环境要求：

2.3.1　机房建筑检查

（1）机房及走廊等地段的土建工程已全部竣工，室内墙壁已充分干燥，门窗等应完好，天花板、暖气片、空调等应无漏水现象。

（2）门、窗应加防尘橡胶条密封，机房主要门的高度和宽度应不妨碍设备的搬运。

（3）机房室内最低高度（指梁下或风管下的净高度）不宜低于 3m。

（4）机房已采用防静电措施，铺设防静电地板，地板支柱接地良好，且接地电阻和防静电措施符合要求，地线铺设按设计要求进行施工。

（5）机房内采用的空气调节设备应安装完毕，性能良好；保持机房走廊清洁。

（6）机房的各种排水管道不应穿过机房，确保消防设备设在明显而又易于取用的机房附近。

（7）机房墙面及顶棚应不粉化，不易积灰，不易脱落，装饰材料应采用阻燃材料，可以贴壁纸，也可刷无光漆。

（8）机房应避免阳光直射，平均照度 300—450lx，应无眩光，一般采用镶入天花板的日光灯，根据机房的具体条件应设有事故照明或备用照明系统。

（9）机房面积要求能容纳设备并留有必要的维护通道。

2.3.2　洁净度要求

机房的洁净度应满足以下要求：

（1）机房中无爆炸性、导电性、导磁性及腐蚀性尘埃。

（2）直径大于 $5\mu m$ 灰尘的浓度小于或等于 3×104 粒/m^3。

（3）机房内无腐蚀金属或破坏绝缘的气体，如 SO_2，NH_3 等。

2.3.3 ZXJ10 对环境温度是湿度的要求

空调湿度：40%—65%，最好为 50%—60%。

空调温度：18℃—28℃ 最好为 20℃—25℃。

实验平台配套设备：网络交换机。

实验计算机设备基本配置：PIV2.4 及以上，硬盘≥40G，内存≥512M，其他组件完备。

2.4 ZXJ10 交换机系统结构

2.4.1 系统总体结构

1. 基本概念

单板：指 PCB 电路板，包括 MP 和电源板等。

单元：由一块或几块单板组成，具备一定的功能。

模块：由一对 MP 和若干从处理器 SP 以及一些单板组成。

（MP：Module Processor；SP：Sub – module Processor）

2. 模块简介

SNM：交换网络模块。

MSM：消息交换模块。

PSM：外围交换模块，具备成局的所有功能。

RSM：远端交换模块。

OMM：操作维护模块，指的是后台操作维护系统。

CM：中心模块。

3. 模块系统结构

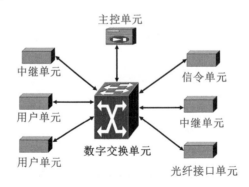

图 2.6 模块系统结构图

4. 模块组网总体构成

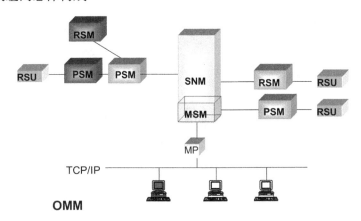

图 2.7　模块组网结构图

2.4.2　系统特点

1. 模块化的系统结构
- 交换网络模块（SNM）。
- 消息交换模块（MSM）。
- 操作维护模块（OMM）。
- 外围交换模块（PSM）。
- 远端外围交换模块（RSM）。

2. 灵活的组网方式
- PSM 独立成局。

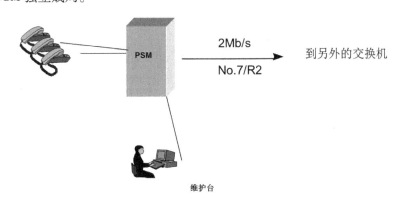

图 2.8　PSM 独立成局结构图

● 多模块成局（网络第一级为 PSM）。

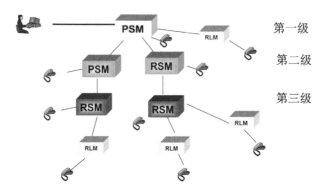

第一级

第二级

第三级

图 2.9　多模块成局结构图 1

● 多模块成局（网络第一级为 CM）。

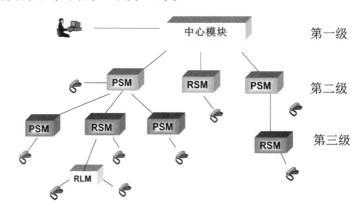

第一级

第二级

第三级

图 2.10　多模块成局结构图 2

3. 模块间全分散控制，模块内分级控制

每个模块处理器能控制和处理本模块交换机的资源和数据，而单元处理器实现交换机的一部分功能。

4. 丰富的接口

ZXJ10 提供了 Z、2B＋D、30B＋D、V5.1、V5.2、No.7、R1 等接口，用以连接不同的终端、接入网和交换机，具有很强的网络适应能力。

5. 集中管理维护

以局域网技术为支撑，采用基于 TCP/IP 协议的客户/服务器结构，进行集中维护管理。

2.4.3　系统模块

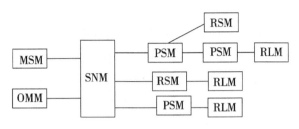

图 2.11　系统模块图

OMM：操作维护模块；PSM：外围交换模块；
RSM：远端交换模块；RLM：远端用户单元；
SNM：中心交换模块；MSM：消息处理模块。

（一）PSM——外围交换模块

实现 PSTN，ISDN 的用户接入和完成本模块内用户的处理呼叫业务。单模块成局，通过局间中继与其他交换局相连。多模块组网时，将模块间连接线路作为多模块组网的一个模块。按照交换时隙的容量，分为 8K PSM，16K PSM 和 4K PSM。

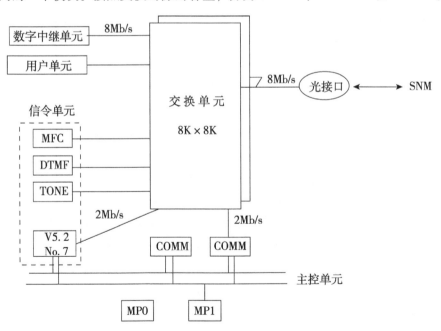

图 2.12　8K 外围交换模块图

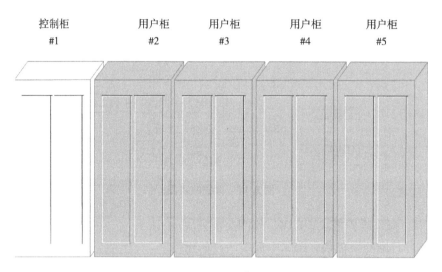

图 2.13 8K 单模块机架图 1

	1	2	3	4	5	6	7	8	9	10	11	12	13	14	15	16	17	18	19	20	21	22	23	24	25	26	27	
6	POWB		DTI	DTI		DTI	DTI		DTI	DTI		DTI	DTI		DTI	DTI		DTI	DTI		DTI	DTI		ASIG	ASIG		POWB	BDT
5	POWB		DTI	DTI		DTI	DTI		DTI	DTI		DTI	DTI		DTI	DTI		DTI	DTI		DTI	DTI		ASIG	ASIG		POWB	BDT
4	POWB		SMEM		MP			MP					COMM	COMM	COMM	COMM	COMM	COMM						PEPD	MON			BCTL
3	POWB		CKI	SYCK			SYCK			DSN		DSN		DSNI	DSNI	DSNI	DSNI	DSNI	DSNI	DSNI	FBI	FBI					POWB	BNET
2	POWA		SLC	SLC	SLC	SLC	SLC	SLC	SLC	SLC	SLC	SLC	SLC	SLC	SLC	SLC	SLC	SLC	SLC	SLC	SLC	SLC		SPI		SPI	POWA	BSLC
1	POWA		SLC	SLC	SLC	SLC	SLC	SLC	SLC	SLC	SLC	SLC	SLC	SLC	SLC	SLC	SLC	SLC	SLC	SLC	SLC	SLC	MTT		SP	SP	POWA	BSLC

图 2.14 8K 单模块机架图 2

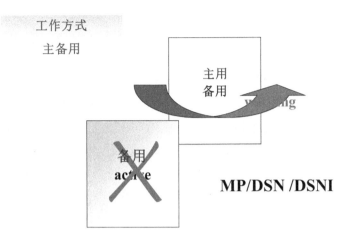

图 2.15　主备用工作方式图 2

（二）PSM 的基本单元

（1）主控单元。

（2）交换单元。

（3）同步单元。

（4）数字中继单元。

（5）模拟信令单元。

（6）用户单元。

（7）光接口单元。

（三）各功能单元

1. 用户单元

（1）定义：交换机与用户之间的接口单元。

（2）容量：

- 960 模拟用户或 480 数字用户/单元

- 24 路/ASLC 板

- 12 路/DSLC 板

（3）工作方式：SP，SPI 工作在主备用；MTT 用于用户线测试；一个用户单元最多有 40 块 SLC 板。

（4）与 T 网连接及通信：一个普通用户单元占用两条 HW 线，两个通信端口。

用户单元实现动态时隙分配，采用 1∶1 到 4∶1 的集线比。

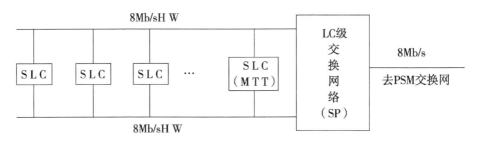

图 2.16　用户单元与 T 网连接示意图

2. 数字中继单元

（1）定义：数字中继是数字程控交换机之间或数字程控交换机与数字传输设备之间的接口设备。

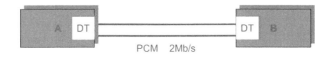

图 2.17　数字中继定义图

（2）主要功能：

- 码型变换。
- 帧同步时钟提取。
- 帧同步及复帧同步。
- 信令插入及提取。
- 检测告警。
- 30B+D 用户的接入。

（3）容量：120 数字中继用户/板；4 个 E1 接口。

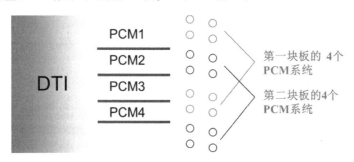

图 2.18　数字中继 4 个 E1 接口示意图

（4）分类：随路 DTI；共路 DTI；模块间通信，连 RLM，ISDN 30B+D 接口。

（5）与 T 网连接及通信端口：一个数字中继单元占用一条 HW 线，占用一个通信端口。

3. 模拟信令单元

（1）容量：两个 DSP；可设为 MFC、DTMF、TONE、CID、CONF。

（2）主要功能：

拨号信号的接收和发送局间多频、互控信号的接收和发送，信号音的传送。

（3）结构：

DSP1
DSP2

配置时的注意事项：

硬件上：TONE 板/DTMF 板不同；

软件上：TONE 程序；DTMF/MFC：CMDRT 程序。

（4）ASIG 板有三种基本设置：作为 DTMF120 路，MFC120 路，＊DTMF/MFC，60 路 DTMF/60 路 MFC，＊TONE/会议电话，60 路语音服务/十个三方会议或一个 30 方会议。

4. 主控单元

（1）单元结构图：

1	2	3	4	5	6	7	8	9	1 0	1 1	1 2	1 3	1 4	1 5	1 6	1 7	1 8	1 9	2 0	2 1	2 2	2 3	2 4	2 5	2 6	2 7
电源 B		共享内存	主控单元			主控单元					M P M P	M P M P	M P P	M P P	M P P	M P P	M P P	M P P	S T B	S T B	S T B	V 5	环境监控	监控	电源 B	

图 2.19　主控单元结构图

● 组成：

一对主备模块处理机 MP　　　共享内存板 SMEM

通信板 COMM　　　　　　　　监控板 MON

环境监控板 PEPD

（2）控制模式：

二级控制结构——在 PSM 内部。

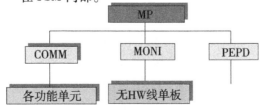

图 2.20　主控单元二级控制模式图

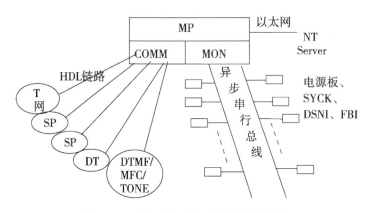

图 2.21　多处理机分级控制方式示意图

5. 数字交换单元

（1）单元结构图：

1	2	3	4	5	6	7	8	9	10	11	12	13	14	15	16	17	18	19	20	21	22	23	24	25	26	27
电源B		时钟接口	同步时钟			同步时钟			数字交换网		数字交换网	交换网接口	交换网接口	交换网接口	交换网接口	交换网接口	交换网接口	交换网接口	光纤接口	光纤接口						电源B

图 2.22　数字交换单元结构图

（2）T 网容量：

T 网容量——8K×8K，8192×8192，64HW×64HW（HW 线速率为 8Mb/s）。

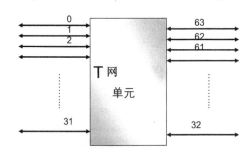

· **8K×8K T 网**

· **64 条 8Mb/s HW (128TS)**

图 2.23　T 网容量示意图

（3）主要功能：主要完成本模块内话路接续的交换，与中心模块相连，完成模块间的话路接续，完成消息的接续。

6. PSM 的交换网络

（1）T 网的 HW 线分配：

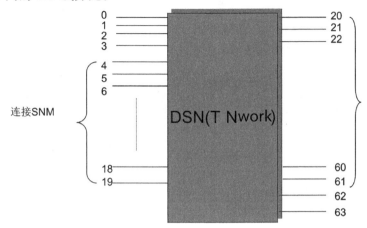

图 2.24　T 网 HW 线分配图

（2）结构特点：

双通道的结构——话路接续和消息接续，T 网不同的 HW 线。

消息通道——消息的接续占用 HW0 至 HW3，共 4 条 HW 线。由系统自动分配。

话音通道——话音通道占用 HW4 至 HW61。

优点：

①消息量大；

②实时性好；

③消息通道和话音通道同在一块 T 网板上，方便管理。

双通道结构：

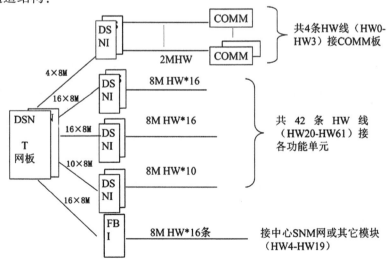

图 2.25　T 网的双通道示意图

（3）话音通道：

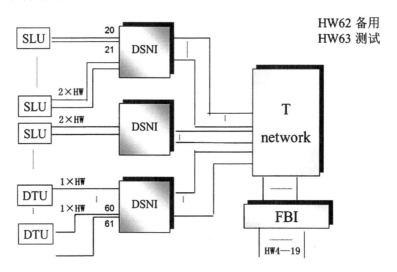

图 2.26 T 网的话音通道示意图

假设某一用户单元的用户 A 和另一用户单元的用户 B 通话，其话音路径为：
SP—DSNI—DSN（T－network）—DSNI—SP

（4）消息通道：

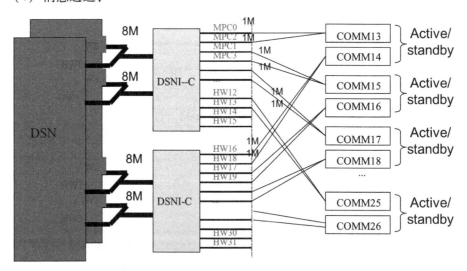

图 2.27 消息通道示意图

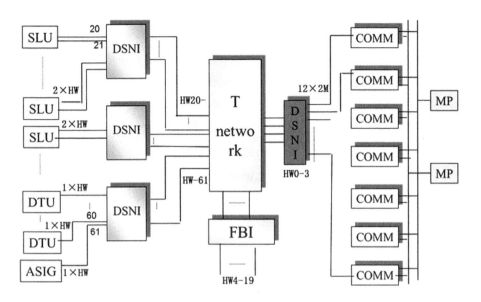

图 2.28 示例图

假设 MP 想发消息给 SP, 其消息路径为:

MP→COMM→DSNI – C→T 网→DSNI – S→SP

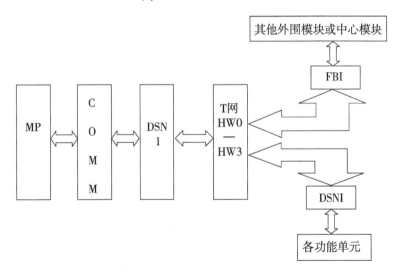

图 2.29 示例图

（5）MP 对 T 网的控制：

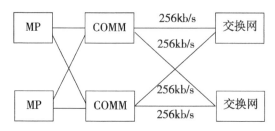

图 2.30　MP 与 T 网的连接

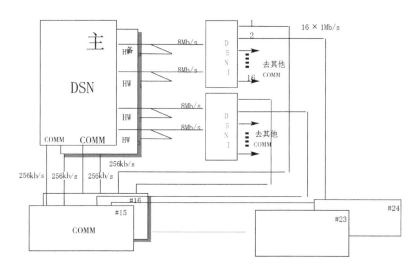

图 2.31　单 DSN 与 T 网的连接示意图

7.　时钟单元

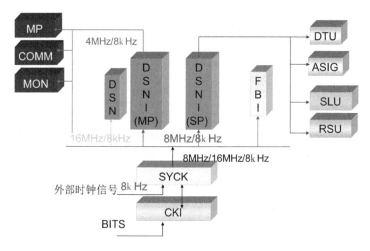

图 2.32　时钟同步工作模式

8. 交换网络模块（SNM）

（1）实现多模块组网时 PSM/RSM，PSM/PSM 之间的话路交换，是多模块系统的核心。

（2）根据网络容量，SNM 可以分为不同的类型。

（3）主要功能

（4）多模块系统中各模块之间的话路交换。

（5）将各模块的通信时隙经半固定接续之后送至 MSM。

组成单元：

（1）交换网单元。

（2）中心光接口单元。

（3）远端模块接入单元。

（4）主控单元。

9. 消息交换模块（MSM）

完成各模块之间的消息交换。

控制消息首先被送到 SNM，然后由 SNM 的半固定连接将消息送到 MSM。

由一对 MP 和若干 COMM 子单元组成：

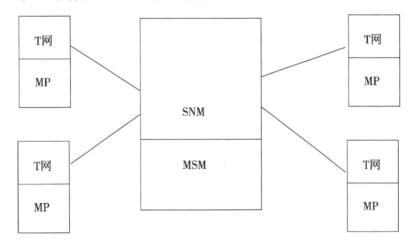

图 2.33　消息交换模块工作示意图

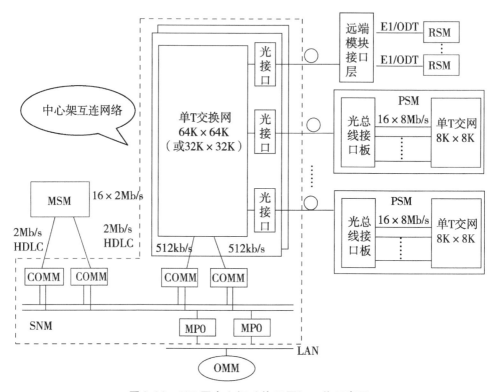

图 2.34 64K 网中心架（单 T 网）工作示意图

C F B I 0	C F B I 0	C F B I 1	C F B I 1	C F B I 2	C F B I 2	C F B I 3	C F B I 3	C P S N	C P S N	C K C D	C K C D	C F B I 4	C F B I 4	C F B I 5	C F B I 5	C F B I 6	C F B I 6	C F B I 7	C F B I 7	电源开关

图 2.35 BCN 层示意图

7	BCTL(MSM)	BRMI
6	BCTL(SNM)	BRMI
5	BRMI或BNET	BRMI
4	BRMI	BRMI
3	抽风扇	BRMI
2	BCN	BRMI
1	吹风扇	

图 2.36 64K 中心网层 BCN 具体安排图（64K TS）

P O W B	S M E M	M P	M P	C O M M 1	C O M M 2	C O M M 3	C O M M 4	C O M M 5	C O M M 6	C O M M 7	C O M M 8	C O M M 9	C O M M 10	C O M M 11	C O M M 12	C O M M 13	C O M M 14	P O W B

图 2.37　远端模块接口层 BRMI（DTI）示意图

P O W B		D T I	D T I	D T I	D T I	D T I	D T I	D T I	D T I	D T I	D T I	C K D R	C K D R	D T I	D T I	D T I	D T I	D T I		D T I	D T I	D T I		P O W B

图 2.38　BCTL 层（MSM）示意图

BCTL 层（MSM）：

COMM1，COMM2—COMM11，COMM12：6 对 COMM 板，每对 COMM 板与 8 个模块通信（32/4TS＝8）。

COMM13，COMM14：用于与 SNM 通信。

10. 中心交换网络

话音通道

第 2、3 板位的 CFBI 板上的 HW 线是：HW0－—－HW15。

第 4、5 板位的 CFBI 板上的 HW 线是：HW16－—－HW31。

第 6、7 板位的 CFBI 板上的 HW 线是：HW32－—－HW46，HW48。

第 8、9 板位的 CFBI 板上的 HW 线是：HW49－—－HW62。

第 16、17 板位的 CFBI 板上的 HW 线是：HW64－—－HW79。

第 18、19 板位的 CFBI 板上的 HW 线是：HW80－—－HW95。

第 20、21 板位的 CFBI 板上的 HW 线是：HW96－—－HW111。

第 22、23 板位的 CFBI 板上的 HW 线是：HW112－—－HW127。

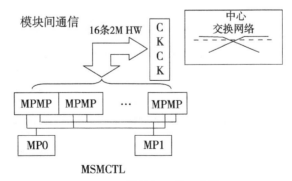

图 2.39　模块间通信示意图

11. 远端交换模块（RSM）

RSM 和 PSM 的结构完全相同，区别在于与上级模块的连接方式不同。

12. 操作维护模块（OMM）

它也被称作后台操作系统，采用集中管理方式。

TCP/IP 协议，Window NT 操作系统，用于完成监控和维护系统需要的数据及操作。

2.5　ZXJ10 交换机硬件连线

2.4.1　电缆标签的标识

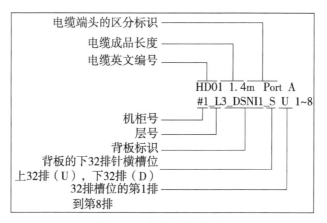

图 2.40　电缆标签的标识

2.4.2　SM8 的后背板的连线

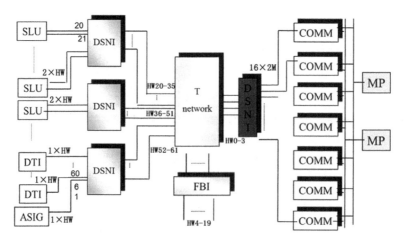

图 2.41　后背板连线示意图

1. T 网到各功能单元的连线——D 电缆

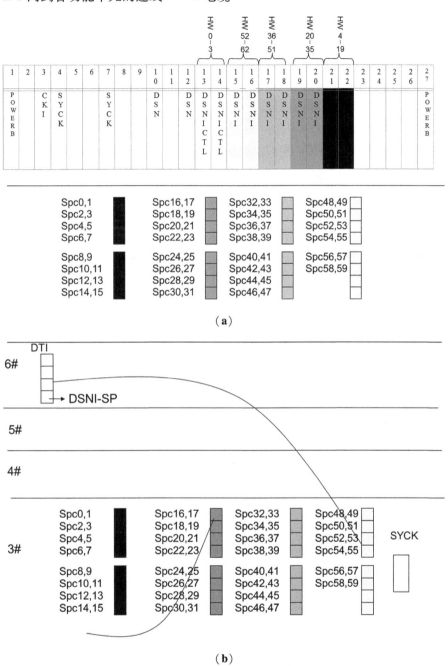

（a）

（b）

图 2.42 D 电缆连线示意图

HW 线与背板插槽的对应关系

HW4 对应 SPC0

HW5 对应 SPC1

…

HW62 对应 SPC58

即 HW 号 = SPC 号 + 4

HW 线与 DSNI 板的对应关系：一对接口板对应 16 条 HW 线（15/16 板位除外）

HW4 – HW19——DSNI – S 21/22 板位

HW20 – HW35——DSNI – S 19/20 板位

HW36 – HW51——DSNI – S 17/18 板位

HW52 – HW62——DSNI – S 15/16 板位

2. T 网到控制层的连线

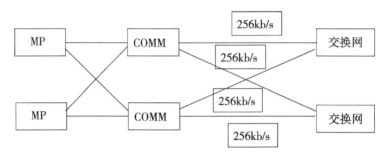

图 2.43 T 网到控制层连线示意图

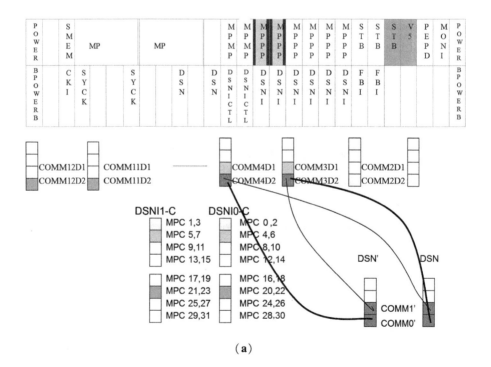

（a）

HW 线与背板对应关系：一条 HW 线分成 8 个 1M HW，4 条共分成 32 个 1M，分别对应 MPC0—MPC31，（13，14 板位对应的插针）一对 COMM 板对应 4 条 1M HW：

第一对 COMM 板对应 MPC0—MPC3；

第二对 COMM 板对应 MPC4—MPC7；

……

第六对 COMM 板对应 MPC20—MPC24。

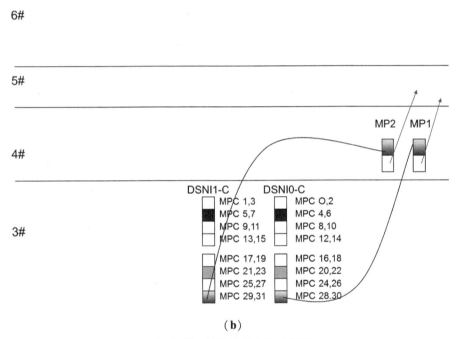

（b）

图 2.44　接续控制电缆示意图

3. 其他电缆

485 监控电缆：MON 板引出的连接各机架、机框的电缆，用来监控无 HW 的单板：电源板（含 P 电源）、时钟板、接口板、FBI 板等。

RS232 电缆：监控内置 SDH 等。

环境监控电缆：（PEPD 板）红外、烟雾、温湿度告警（对应 PEPD 板后背板"sensor"处）。

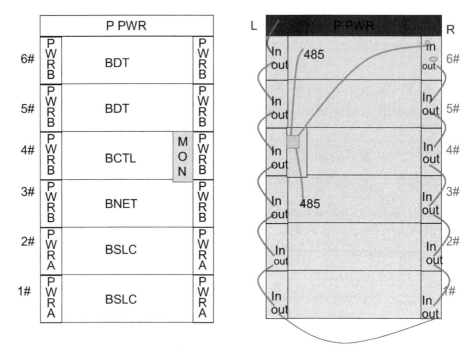

图 2.45　监控电缆连接示意图

时钟电缆：DTI（或 FBI）到 SYCK 板（或 CKI 板）

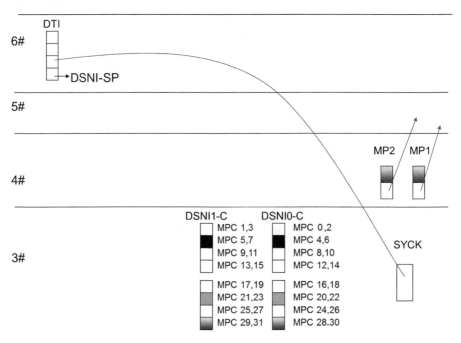

图 2.46　时钟电缆连接示意图

4. PSM 多机架的连线

用 HW（SP 电缆）把用户架连到控制架。

从控制架的 MONI 板引线到用户架的电源（连接方式同控制架）。

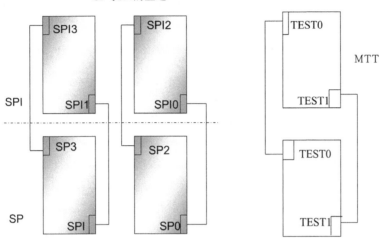

图 2.47　PSM 多机架的连线示意图

2.4.3　SM16 的后背板连线

（1）与 SM8 相比，BNET 层后背板进行了更换、DSN 更换为 DDSN、二次电源也做了更换。

（2）HW 线分配有所差异。

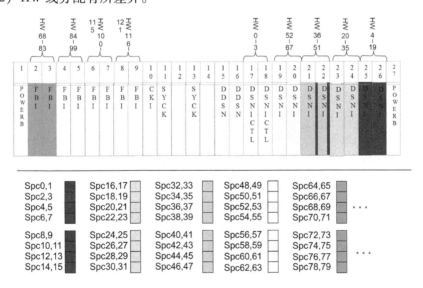

图 2.48　SM16 后背板连线示意图

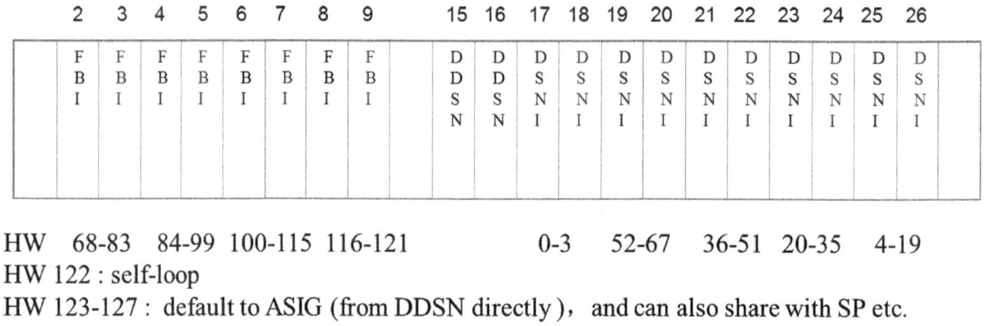

2	3	4	5	6	7	8	9		15	16	17	18	19	20	21	22	23	24	25	26
FBI	FBI	FBI	FBI	FBI	FBI	FBI	FBI		DDSN	DDSN	DSNI	DSNI	DSNI	DSNI	DSNI	DSNI	DSNI	DSNI	DSNI	DSNI

HW　68-83　84-99　100-115　116-121　　　　　0-3　　52-67　　36-51　　20-35　　4-19

HW 122 : self-loop

HW 123-127：default to ASIG (from DDSN directly)，and can also share with SP etc.

图 2.49　HW 分配示意图

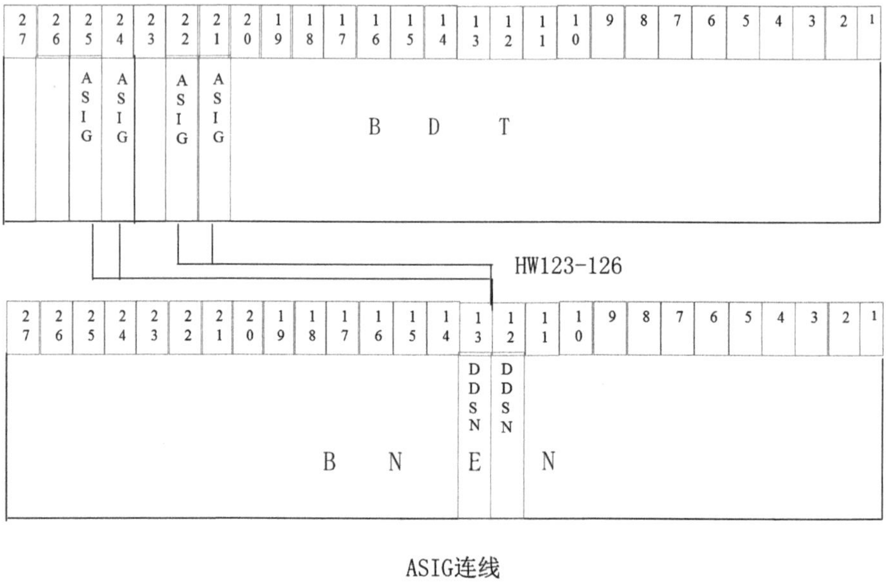

27	26	25	24	23	22	21	20	19	18	17	16	15	14	13	12	11	10	9	8	7	6	5	4	3	2	1
		ASIG	ASIG		ASIG	ASIG															B D T					

HW123-126

27	26	25	24	23	22	21	20	19	18	17	16	15	14	13	12	11	10	9	8	7	6	5	4	3	2	1
														DDSN	DDSN								B N E N			

ASIG连线

图 2.50　ASIG 连线示意图

2.4.4　SM4C 的后背板连线

（1）与 SM8 相比主要差异：TNET 网板集成了同步时钟、交换网功能、HW 线仅有 32 条、插件布局不同。

（2）HW4 – HW17 系统默认固定分配给 ASIG、DTI、ODT，配置时取默认值，不可更改。

（3）后背板 SPC1—SPC6 分别对应 HW18、HW19 – HW28、HW29；接用户单元或扩展的中继单元。

（4）MON 板至被监控单元的连线。

2.4.5　SM64 中心架后背板连线

（1）MP 经 COMM 板至 CPSN 网的接续控制线。

（2）MON 板至各被监控单元的监控线。

（3）CKCD 板输出至各 COMM 板的连线。

（4）CKCD 板至时钟板的连线。

2.6　本章小结

本章对中央民族大学实验平台的建立和具体设施、配置情况进行了介绍。

第3章 中央民族大学交换平台实验系统介绍

    中央民族大学信息工程学院通信系于 2010 年组建了一个服务于科研与教学实践的综合计算机网络与信息化应用系统实验与实训平台。该实验室配备多种网络环境，多种异构网络服务器系统，数据库系统，建成以面向服务的架构体系（SOA）为基础研究与实验平台的，以多种智能网络终端设备为应用延伸的，适用于研究、设计、开发高可移植性，可扩展性的关键业务应用信息系统关键技术的综合性网络应用研究及实训实验室。该实验室的建成将为综合网络应用信息系统研究、基于 SOA 架构体系的多业务信息系统设计、基于民族地理信息与应用的无线宽带网络应用系统研究，以及计算机图像识别与应用、嵌入式系统研究与实训等科研与教学工作提供综合研究与实验平台，为全系师生服务。

    该通信工程实训平台是集程控交换、光纤通信、宽带接入、计算机网络、软件无线电、多媒体通信与远程教育和实验平台管理为一体的实验系统。培养学生对实际系统的操作、管理与维护能力，以及对现代通信网络的更系统更综合的了解与掌握。

3.1 程控交换实习机房介绍

    程控交换机是现代语音通信的基础，中兴通讯作为世界知名通信厂商，研究以及开发了 ZXJ10 型号的数字程控交换机。ZXJ10 程控交换机占据了中国固定电路交换市场的半壁江山，为后续的通信技术发展，奠定了良好的基础。在 ZXJ10 的基础上，中兴通讯发展成为集程控交换机、IP 交换、光交换、移动交换等各种通信设备的世界性综合设备生产商。

    NC 教育管理中心采用程控交换机作为 NC 通信基础原理课程，综合了电路交换原理、信令接入、话路流程等基本通信原理课程，为通信技术的进一步发展以及学习打下良好的基础。

3.2　程控交换实验室实验要求

要求是一台标准局用的程控交换机。能够实现 PSTN 用户基本业务功能以及附加业务，软件设计采用分层模块化结构，模块之间的通信按相关的规定接口，支持单局点完成端到端局间信令实验开设，同时提供相关的仿真教学系统，以便辅助教学。

实训系统同时满足 30—40 名学生进行实验操作，上传下载数据并加以验证；并且能够做一些基本的设备维护，为高校提供完全缩小化了的电信运营商实验平台。

（1）交换机对一个目标局可选择的路由数不少于 12 个。

（2）提供局码限制功能，可限制 96 个局码式号码，同时具备正限与反限功能。

（3）交换能力不小于 4K×4K，本次提供模拟电话用户不少于 72 户，数字中继不少于 4 路（E1）即中继数不少于 120DT，提供 7 号信令（不少于 8 路），中国 1 号信令（不少于 32 路）。

（4）单局点完成独立局到独立局的中继自环（出局），单局点能完成中国一号和七号信令的出/入局实验。

（5）支持内置 7 号信令观测仪功能。

（6）单模块最高能达到 9600ASL/1200DT，可独立成局。

（7）支持集中用户交换业务（CENTREX），CENTREX 的功能主要由软件提供，交换机不应增加或修改硬件设备；CENTREX 用户群的数目及每一用户群的用户数除了受交换机容量的限制外，应不受其他任何限制。

（8）个别板件业务性能及业务数量指标：模拟用户板每板至少可提供 24 路模拟用户线的接入；数字中继板每板可提供 4 个 PCM30/32 系统，即提供 120DT 的中继能力；七号信令处理板每板提供 8 路 HDLC。

（9）符合国标 YD/T 1128－2001《电话交换设备总体技术规范》要求。交换机关键板件，包括主机板、网板、信号音、七号信令链路板等必须支持主备份、热备份的工作方式。

（10）能够进行计费数据和话务统计的调试监测。

3.3　程控交换平台实验要求

（1）认知性实验：程控交换平台介绍；程控交换机单板功能及原理介绍；程控

交换机线缆及连接介绍；程控交换机软件系统介绍。

（2）基础实验：信号音观察实验；BORSCHT 测试实验；物理数据配置实验；用户放号及号码分析实验；本局用户接续跟踪实验；新业务设置实验；用户电路、中继电路测试实验；No.1、No.7 局间信令调试实验；2B＋D/30B＋D 综合接入实验；计费数据配置与查询分析实验；话务统计配置与查询分析实验。

（3）实训：局内呼叫故障分析及解决方法；局间呼叫故障分析及解决方法；告警查询及分析实验。

3.4　交换实验室组网情况

交换实验室组网情况如图 3.1 所示。

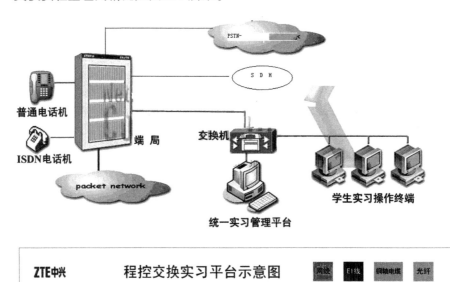

图 3.1　程控交换实习平台示意图

3.5　交换实验室技术指标

3.5.1　提供的功能

（1）提供新业务：

缩位拨号，热线电话，呼叫限制，免打扰服务，缺席服务。

（2）完善的 ISDN 功能：

ISDN 接口，ISDN 业务功能。

（3）完备的局间信令系统：

局间随路信令系统，局间共路信令系统。

（4）综合接入能力：

提供完备的 V5 接口。

（5）智能网功能：

提供智能网解决方案，包括业务交换接点 SSP，智能外设 IP，业务控制点 SCP 等。

（6）SDH 光传输系统。

配置 155Mb/sSDH 光传输系统，并提供标准的 E1 接口和 STM - 1 传输接口，实现交换与传输的一体化。

（7）灵活组网能力。

（8）完备的操作维护系统。

（9）本地操作维护模块，集中网管系统，行式人机命令。

（10）特殊平台和接口。

（11）停开机接口，酒店管理系统，鉴权系统，号码合法性检查，号码整理性能指标。

3.5.2　协议能力

No. 1 信令，No. 7 信令（TUP，ISUP）。

3.6 程控交换平台可提供的实验内容

3.6.1 课程实验

（1）程控交换机系统概述。

（2）程控交换机板件功能介绍。

（3）程控交换机提供的业务介绍。

（4）程控交换机资源分配介绍。

（5）BORSCHT 功能演示实验。

（6）程控交换机模块配置实验。

（7）程控交换机机框配置实验。

（8）程控交换机各单板配置实验。

（6）程控交换机模拟用户数据配置实验。

（10）程控交换机各种信号音观察实验。

（11）程控交换机七号数据配置实验。

（12）程控交换机 No.7 ISUP 中继调试。

（13）程控交换机 No.7 TUP 中继调试。

（14）程控交换机 No.1 号信令中继调试实验。

（15）程控交换机指定中继占用实验。

（16）程控交换机消息跟踪实验。

（17）程控交换机状态查询及监控实验。

（18）本局通话调测。

（19）网管计费信息查询。

（20）网管告警信息查询。

（21）网管性能数据查询。

（22）模拟用户内外线及单板测试实验。

3.6.2 课程设计实验

（1）DTMF 双音多频发送接收实验。

（2）PULSE 脉冲拨号方式发送接收实验。

（3）电话拨测辅助分析实验。

（4）程控交换机 No.7 的自环实验。

（5）程控交换机 No. 7 系统的准直联配置实验。

（6）程控交换机话单维护操作实验。

（7）程控交换机话务统计操作实验。

（8）程控交换机限呼和号码甄别实验。

（9）程控交换机号码变换数据配置实验。

（10）程控交换机 Centrex 群设定实验。

（11）程控交换机新业务设定及演示实验。

（12）程控交换机商务群实验。

（13）程控交换机测试系统实验。

（14）程控交换机综合话务台实验。

（15）程控交换机鉴权系统实验。

（16）程控交换机广域群实验。

（17）程控交换机故障处理实验。

（18）程控交换机终端系统操作与维护实验。

（19）程控交换机数据备份与恢复实验。

（20）程控交换机告警系统。

3.6.3　系统设计实验

（1）电话拨测分析实验。

（2）话务统计实验。

（3）中继路由数据设定和查询实验。

（4）本局用户基本呼叫联机实验。

3.7　程控交换推荐课程体系

3.7.1　课程介绍

　　数字程控交换技术课程是通信类专业的基础课程之一。通过本课程的系统学习，学生不仅可以掌握数字程控交换的基本原理，了解现网的应用。同时，还可以获得大量的实训操作的机会，真正达到提高技能和职业素养的目的。学习本课程的学生，还可以参加中兴通讯 NC 助理工程师的职业技能认证，合格者可获得业内认可的技能认证证书。课程设置为一个学年，也可以根据实际情况在一个学期内精简一部分内容开设。

3.7.2　课程目标

本课程以行业的主流设备 ZXJ10 为设备实例，详细讲解了数字程控交换设备的硬件原理、设备构成，数据配置等。针对中国现有程控交换教材重理论轻实践，重知识轻教法的问题，本课程做了全新改革：以先进的 NC – MIMPS 教学法为指导，把数字程控交换技术教材的内容模块化（Modularization），在教学过程中以任务为驱动力（Mission – driven），把程控交换技术学习的最终目标提炼为四大任务：

任务 1：对数字程控交换设备了如指掌；

任务 2：成功实现本局电话互通；

任务 3：成功实现局间电话互通；

任务 4：给用户提供各种业务服务。

指导教师围绕实训研究（Practical – research）的核心，借助学生自评的助推力（Self – evaluation），贯穿理论结合实际的教学思想，以求达到最好的教学效果。

3.7.3　课程体系规划

课程内容		教学目标		学时	
任务	子任务	知识目标	能力目标	授课	实训
对程控交换设备了如指掌	夯实基础	1. 了解电信网的组成和种类 2. 掌握电信网的拓扑结构，理解组网本地网，长途网的组网模式 3. 知道几种交换方式的区别 4. 了解电信网的发展趋势 5. 掌握 PCM 系统的帧结构 6. 掌握信号数字化过程	●能够结合理论分析现网的结构和组网方式	8	
	数字程控交换基础	1. 理解本地电话网的组网方式，知道其变化趋势 2. 掌握电话网的编号计划 3. 掌握电话交换机的基本功能 4. 了解空分模拟程控交换机和时分数字程控交换机的区别。重点掌握程控交换机的特点和功能 5. 掌握交换原理，知道交换网板的种类，表示方式	● 认识程控交换设备 ●能区分不同的程控交换设备	6	6

课程内容		教学目标		学时	
任务	子任务	知识目标	能力目标	授课	实训
成功实现局内电话互通	分析程控交换机的系统结构	1. 了解 ZXJ10 模块化组网的特点和优点 2. 了解 J10 的各类模块（PSM、RSM、CM、OMM），重点掌握 PSM 的硬件系统结构 3. 掌握 ZXJ10 前台组网方式 4. 掌握 ZXJ10 后台组网方式 5. 了解系统软件，重点掌握和进程相关的软件	●结合系统结构原理，理解 ZXJ10 硬件结构 ●能够检查前后台连接是否正常 ●能够正确操作程控交换设备（上电顺序，后台观察）	16	16
	了解数字程控交换的硬件	1. 了解模拟中继接口，掌握数字中继接口的功能 2. 掌握用户电路的原理和功能 3. 了解 ZXJ10 常见的机框、控制、通信类单板，交换网板、交换网接口板、时钟板及单元板的工作灯指示、功能	●掌握通过单板指示灯了解单板工作状态的方法 ●能够通过硬件系统结构分析硬件故障的原因位置，最终排除故障	8	6
	怎样配置局数据、用户数据	1. 掌握局容量规划，物理配置的方法 2. 掌握号码管理和号码分析的方法，理解号码分析的流程，根据要求灵活设置号码分析数据 3. 掌握用户属性数据配置方法	●在掌握基本配置的基础上，能够灵活地分配局号、百号、用户号，打通本局电话 ●学会使用后台告警观察硬件故障，使用呼损观察分析解决故障	12	14
	掌握呼叫处理基本原理	1. 正确分析本局，出局呼叫流程，能找到对应的状态迁移图 2. 了解输入处理—分析处理任务—执行和输出处理系统处理流程。	●能利用本局呼叫流程分析数据故障 ●能利用出局呼叫流程分析数据故障	8	6
成功实现局间电话互通	学习中继与局间信令系统	中继数据： 1. 理解中继的几个概念：中继组、中继电路、路由、路由组、路由链、路由链组 2. 掌握中继数据配置的方法 信令系统： 1. 掌握信令的多种分类方式；掌握随路信令，共路信令种类和特点 2. 掌握中国 NO.1 信令格式，含义 3. 掌握随路中继数据的配置方法	●能够独立完成本局随路自环实验 ●项目符号能够独立完成随路两局对接实验 ●在理解中继基本概念基础上，能够根据话路负荷要求灵活设置中继数据	8	6

续表

课程内容		教学目标		学时	
任务	子任务	知识目标	能力目标	授课	实训
为用户提供各种业务服务	掌握 No.7 信令系统	No.7 信令： 1. 掌握 No.7 信令格式、含义，重点掌握标志位和 H0H1 的含义 2. TUP/ISUP 的信令格式区别 数据配置： 1. 掌握交换局数据配置的方法 2. 掌握信令数据配置的方法	●能够独立完成本局 7 号自环实验 ●能够独立完成 7 号两局对接实验 ●理解信令基本概念基础上，能理由信令跟踪打开消息体，分析体内消息含义 ●理解信令数据配置的含义基础上，能分析出故障原因，并能解决	18	12
	实现交换机常规业务	1. 了解程控交换机实现的各种业务 2. 理解用户群的概念 3. 掌握商务群数据配置的方法 4. 掌握简易，综合话务台数据配置的方法	●能够按要求为集团用户提供商务群业务 ●能够按要求为集团用户提供话务台业务	6	4
	实现交换机计费功能	1. 了解中兴交换机的计费原理 2. 了解计费的几个基本概念原始话单、计次表等 3. 掌握在计费服务器上进行分组和算法设置的方法	●独立完成本局计费 ●独立完成出局计费	6	4
	了解故障现象和排障方法	利用故障案例帮助学生掌握分析问题的方法	具有理论分析实际的基本能力	4	4
拓展视野（选修）	后台文件和数据库	1. 掌握后台软件系统的组成、功能 2. 了解后台文件、对应实现的功能或作用 3. 了解 SQL 数据库	知道	8	2
	网络维护人员的一般职责	1. 告警系统 2. 日维护/月维护项目 3. 交换机防瘫预案	知道	4	2
	固网 2.5G	1. 了解固网 2.5G 2. 了解 HLR 3. 介绍固网 2.5G 智能业务	了解	6	
	NGN 网络	1. NGN 网络概述 2. NGN 使用协议介绍 3. NGN 网络用户呼叫流程	了解	6	

3.8　中央民族大学程控设备配置信息

1. 单板结构（如图 3.2）

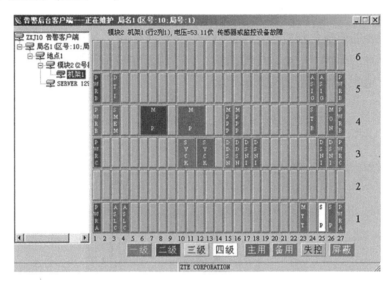

图 3.2　中央民族大学单板结构示意图

2. HW 信息表

单元名称　　　HW 号　　　单元位置

用户单元　　　HW6&HW7　　1 架 1 框

中继单元　　　HW4　　　1 架 5 框 3 槽

模拟信令单元　　HW123　　　1 架 5 框 24 槽

模拟信令单元　　HW124　　　1 架 5 框 25 槽

3. 程控其他信息

模块类型：SM16K；模块号：2；模块区号：010；MP1（6、7、8 槽）
IP：192.80.1.2；

MP2（10、11、12 槽）IP：192.80.1.66。

4. 程控后台服务器信息

计算机名：ZX010001129；IP：192.80.1.129。

5. 程控连接交换机端口

1#权限交换机 2826 的 15 口。

3.9 程控交换认知实验

3.9.1 通用机柜组成

通用机柜的组成包括机架、门、插框、P电源插箱、顶盖、走线槽等。机柜可装配6个标准的插框、一个P电源插箱。机架背面左右两侧均有束线圈，以利于电缆的铺设。通用机柜组成如图3.3所示。

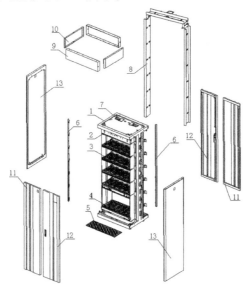

1 机架；2 P电源插箱；3 标准插箱；4 CNET 插箱；5 防尘网；
6 汇流条；7 出线口；8 电源线走线槽部件；9 顶面板；
10 侧顶面板；11 左门；12 右门；13 侧门

图3.3 通用机柜组成结构图

3.9.1.1 P电源插箱

P电源插箱完成输入48V电源和各功能框电源的分配。配电盒具有防雷、过流保护等功能，同时对配电盒输入电源电压和分配后的输出电源状态进行检测，必要时给出告警信号。P电源插箱结构如图3.4所示。

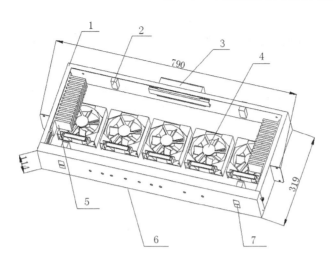

1 箱体；2 防雷器；3 接线端子；4 风扇；
5 POW 板；6 面板及 POW - T 板；7 空气开关

图 3.4 P 电源插箱结构图

图 3.4 中接线端子用于接入配电柜输出的 2 路 -48V 电源、PGND 和 GND，输入的 -48V 电源经二极管、滤波器后，由 POWI 板将两路 -48V 电源分配成两路 -48V 电源，这两路电源经汇流条输出到其他机框。面板上两个电源空气开关用于控制配电盒输出的 2 路 -48V 电源，POWT 板用于监控输入的 -48V 电源、风扇等告警，并用于向风扇提供电源并监测风扇转速。

3.9.1.2 插　框

功能插框的作用是将各种电路板组合起来构成一个独立的功能单元。每个机柜可以配置 6 个标准插框。具体插框配置请参见第 2 章机框的介绍。

3.9.1.3 汇流条

ZXJ10 - V10.0 通用机柜各插箱单元供电通过汇流条来实现，每个机柜一共有两根汇流条分别隐藏在机柜左右两侧的立柱内。采用汇流条的优点是减少了机柜内部的电缆，使走线更美观。每根汇流条有 7 组接线端子，每组又分别有 4 个接线端子，分别对应 -48V、PE、GND、148VGND，其结构如图 3.5 所示。

图 3.5 通用机柜汇流条结构图

3.9.1.4 机柜外形尺寸、重量

通用机柜外形尺寸：宽 810mm（不带侧门）/910mm（带两个侧板）高 2000mm（不带顶帽）/2200 mm（带顶帽）深 600 mm 满配置情况下机柜约重 250kg

　注意

随着产品和技术的不断更新、完善，ZXJ10 – V10.0 交换机在工艺结构上存在两种情况：

第一种：DP15 侧门板厚度为 30mm；

机柜外形尺寸：宽 810mm（不带侧门）/870mm（带两个侧板）。

第二种：DP15 侧门板厚度为 50mm；

主机柜外形尺寸：宽 810mm（不带侧门）/910mm（带两个侧板）。

通用单柜的结构特点如下：

（1）结构坚固，架骨架由型钢焊接成整体，具有足够的刚度和强度。

（2）色彩明快，采用国际流行色系：海蓝和白灰的自然组合，使机柜整洁素雅又生动活泼。

（3）装拆方便，利于调试和维护。前后门都是双开门，开启方便，两边挂装使侧板卸装方便。

（4）机柜顶部装有通风网，机柜采用强迫通风散热方式，冷风从机柜下入，通过各层印制电路板之间的空隙，热风从顶网出。

（5）每个单机柜内最上面可装一个 P 电源插箱，P 电源插箱下面常用配置可装六个标准插箱。但对中心交换网络来说，如果采用 64K 网，可装一个 CNET 插箱和四个标准插箱；采用 128K 网，则装两个 CNET 插箱和两个标准插箱。

3.9.2　SM4C

3.9.2.1　概　述

SM4C 为 ZXJ10 交换机的一种外围交换模块，其 T 网的交换容量为 4K×4K。

SM4C 主要由网络控制框单元（包括时钟同步单元、中继单元和模拟信令单元）、用户单元组成。

SM4C 分别由控制柜和用户柜组成，控制柜包括网络控制框单元（包括时钟同

步单元、中继单元和模拟信令单元）和五框用户单元组成。用户柜由纯用户单元组成。

3.9.2.2 机柜组成

SM4C 由一个控制柜和一个用户柜组成，均使用通用机柜。

控制柜包括一个网络控制框（BNCT）和五个用户框（BSLC，两框为一个用户单元）。

用户柜由 6 个用户框（BSLC）组成，共 3 个用户单元。

SM4C 的机柜配置如图 3.6 所示。

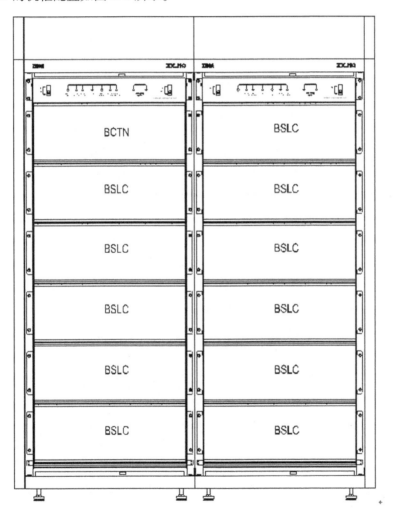

图 3.6 SM4C 机柜配置图

3.9.2.3 机柜装配图

SM4C 机柜装配图如图 3.6 所示。

3.9.2.4 机柜接线图

SM4C 机柜的接线图如图 3.7 所示。

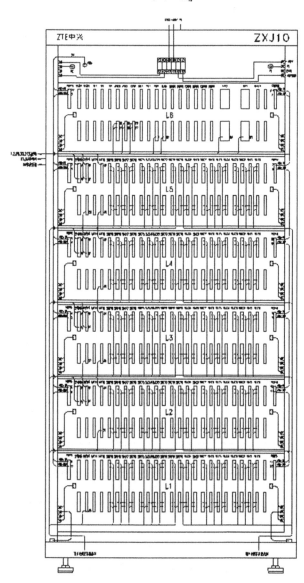

图 3.7 SM4C 机柜接线图（1#）

3.9.2.5　各机框功能说明

详见机框说明。

3.9.2.6　机框间通信关系说明

SM4C 机柜各机框间的通信关系如图 3.8 所示。

图 3.8　机框间通信关系图

BCTN 为控制网层机框，主要由控制单元、时钟交换网单元、中继单元和模拟信令单元组成。控制单元完成对整个模块的管理和控制，时钟交换网单元电路交换网单元实现模块内部的话路交换和 HDLC 通信时隙的半固定接续，并对其他单元提供电缆连接驱动，中继单元提供 E1 接口，模拟信令板提供各种模拟信令资源。

BSLC 为用户机框，向用户提供用户接口。

3.9.2.7　指　标

使用环境

温度范围（长期工作条件/短期工作条件）：15℃—35℃/0℃—45℃

湿度范围（长期工作条件/短期工作条件）：30%—65%/10%—90%

外形尺寸

单机柜外形尺寸为高 × 宽 × 深：2200mm × 810mm × 600mm（其中顶板为 200mm，两侧门板宽度各为 50mm

重量

单机柜最大重量：约 250kg

供电要求

−57VDC——40VDC

功耗

单机柜≤900W

系统容量

中继：600 时隙

用户：5280 个

3.9.3　MP 板

3.9.3.1　概　述

模块处理机 MP 是交换机各模块的核心部件。它位于 ZXJ10（V10.0）交换机的控制层。该层有主备两个 MP，互为热备份。

3.9.3.2　功能和原理

MP 相当于一个功能强大且低功耗的 PIII 计算机。配备 FLASH 电子盘或 10GB 以上的硬盘，及具有两个高性能的 10M/100M 的以太网接口，MP 通过两对总线分别和 COMM 板及 SMEM 板通信，完成对各个单板的操控。

MP 电路板由 CPU、芯片组、内存、时钟、I/O（包括 FPGA）、电源等组成。CPU 是 Intel Pentium 系列，运行 Intel iRMX 操作系统。芯片组是被称为"南、北桥"的两块芯片，北桥连接 CPU 总线，它集成 SDRAM、AGP 和 PCI 总线控制器；南桥是 PCI 到 ISA 总线的桥梁，还集成两个 IDE、RTC、X – BUS 等。内存使用 SDRAM，板上最多可安装 168 PIN 256MB SDRAM 内存条三根共 768MB。使用专用时钟发生器，产生 66—150MHz、33MHz 等多种时钟提供给 CPU、北桥、南桥、内存等。MP 提供了多种接口：支持 Ultra DMA/33 的两个 IDE，两个 10M/100M LAN，两个 USB（V1.1）接口及软驱、两个电子盘及键盘鼠标等；PCI 和 AGP 显示接口；FPGA 中有两路计时器、Watchdog、中断控制器、复位电路、CGA 显示卡和两路分别通过背板和 COMM 板、SMEM 板连接的总线控制线路，另外还有两路电子盘译码电路等，电子盘地址：0C800：0000H。配合 PCI VGA 显卡（PVGA），MP 可以运行 Windows 操作系统。

3.9.3.3　MP 板面板说明

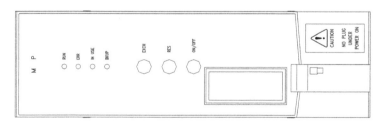

图 3.9　MP 板面板图

3.9.3.4　MP 面板上指示灯和按钮

MP 面板有 4 个指示灯，其含义如表 3.1 所示。

表 3.1　MP 面板上指示灯

灯名	颜色	含义	说明	正常状态
RUN	绿	运行指示灯	常亮：表示电路板没有运行版本或不正常常灭：故障 1 秒亮 1 秒灭：表示电路板运行正常	1 秒亮 1 秒灭
FAU	红	状态或故障指示灯	常亮：表示 MP 故障 灭：表示 MP 正常	灭或闪亮
MST	绿	主用指示灯	常亮：表示本板为主用板 灭：表示本板为备用板	主用时常亮
RES	绿	备用指示灯	常亮：表示本板为备用板	备用时常亮

注：当延时关闭文件功能时，并按下复位或关闭电源按钮时，RUN、FAU 和 RES 均闪亮几秒（最长 20 秒）然后才复位或关闭电源。

MP 面板有三个按钮：

SW：倒换按钮。只有主用板才能倒换，按倒换按钮 FAU 灯会闪亮一次。

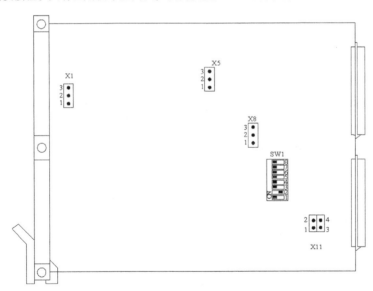

图 3.10　MP 电路板布局示意图

RST：复位按钮。

ON/OFF：电源开关。按下电源打开。

面板下方有一小盖板，其中有键盘和显示器接口，用于调试。正常使用时应将小盖板装上。

3.9.3.5 MP 板跳线和拨码开关布局

MP 电路板布局如图 3.10。

3.9.3.6 跳 线

MP 板上有四组跳线：

（1）X1：板载 CGA 显卡使能。默认为使能状态，跳线 1、2 位置。2、3 位置为自动，当接上显示器开机即使能，没接显示器为禁止。

（2）X5：清除 CMOS。默认为 Normal，跳线 1、2 位置。清除 CMOS 时必须先关掉电源，跳线在 2、3 位置接上 3—5 秒，然后再跳回 1、2 位置才能再开机。

（3）X8：选定板类型。MP 必须跳在 2、3 位置或不用跳线。跳在 1、2 位置将发挥"MRBH"板的功能。

（4）X11：保护地跳线。默认是没有跳线的。对 MP 位置没接保护地的老背板，可以在 1、2 和 3、4 跳线。

3.9.3.7 拨码开关

MP 板上只有一个拨码开关 SW1。

SW1 在 MP 板中间偏右下方，为八位拨码开关。开关"ON"代表"0"；"OFF"代表"1"，该开关的不同组合有四个功能：

（1）模块号：拨码开关按二进制编码，开关第 1 位为低位，第 7 位为高位，组成的二进制数范围：0000001B 到 1111111B 即模块号为 1 号—127 号。

（2）初始化：将八位拨码开关拨成组合为"10000001"（即十进制的"129"）后开机，MP 将格式化硬盘，并装载初始版本。大约 5 分钟完成，之后再关机并拨回到原来的模块号。

 注意

C 盘内原数据将全部丢失！而且也没有任何提示！另外还需重新设置局号。

（3）硬件狗：拨码开关的第 8 位"ON"启动硬件狗（版本没有正常运行时会复位 MP），"OFF"时禁止，用于调试。注意：当 MP 为 1 号模块时，第 8 位不能置成"OFF"，1 号模块没有调试模式，硬件狗始终是启动的。如果 1 号模块又将第 8 位置"OFF"时即为上面的第二个功能——格式化硬盘。

（4）POST CARD：将低 7 位拨码开关拨成全"0"，显示 BOOT 过程的 POST CARD。通过面板四个指示灯和 SW 开关组合显示。

拨动开关后，第一、第二个功能必须重新开机后才能生效，第三、第四个功能立即生效。

3.9.4　DTI 板

3.9.4.1　概　述

DTI 板是数字中继接口板，用于局间数字中继，ISDN 基群速率接入（PRA），RSM 或者 RSU 至母局的数字链路，以及多模块内部的互联链路。每个单板提供 4 路 2Mbps 的 PCM 链路。DTI 板可插于中继框、BRMI 或者 BRMT 内。硬件版本有 DTI B990900。

3.9.4.2　功能和原理

DTI 板原理如图 3.11 所示。

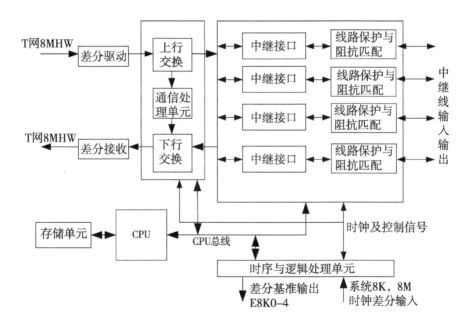

图 3.11　DTI 板原理框图

中继接口具有如下基本功能：帧同步码发生（Generation of frame code）；帧调整（Alignment of frame）；连零抑制（Zero string Suppresion）；极性转换（Polar conversion）；告警处理（Alarm Process）；时钟恢复（Clock Recovery）；帧重同步（Hunting During Reframe）；局间信令插入提取（Office signalling）。

在接收侧，DTI 通过中继接口芯片及外围电路接收线路上送来的 2048kb/s 的基带信号，在 E1 方式下，此基带信号的传输码型为 HDB3 码。中继接口电路对信号进行均衡，码型转换，并恢复数据和时钟，提取网管，信令，告警等信息并进行成帧处理。CPU 读取中继接口的信令及告警等信息做适当的处理并打成 HDLC 包送到相应的 HDLC 通道，通过单板内部交换网的交换使之和话路（或数据）进行组合，最后以 8.192Mb/sHW 差分方式送到 DSNI 板；

在发送侧，DTI 接收 DSNI 板以差分方式送来的 8.192Mb/sHW，通过本地交换分离话路（或数据）和信令及网管消息。信令和网管消息以 HDLC 包的形式由通信处理单元处理，并根据需要将信令或网管信息插入中继接口芯片的发送码流中。话路（或数据）分别送到中继接口芯片，进行发送成帧处理后转换成 HDB3 码给对端。

3.9.4.3 电路板板面说明

DTI 板面板如图 3.12 所示。

图3.12 DTI 面板图

3.9.4.4 电路板指示灯、布局、拨码开关和跳线

指示灯

DTI 板有六个指示灯，其含义如 3.2 所示。

表3.2 DTI 板上指示灯

灯名	颜色	含义	说明	正常状态
RUN	绿	正常运行指示灯	1Hz 闪表示 DTI 运行正常；10Hz 闪表示程序加载或与 MP 通信中断	1秒亮 1秒灭
FAU	红	错误状态指示灯	亮表示 DTI 故障（时钟丢失）；灭表示单板运行正常	灭

续表

灯名	颜色	含义	说明	正常状态
DT1	绿	第 1 路 DT 运行状态指示	灭表示单板数据未配置；亮表示第 1 路 DT 告警；2Hz 闪表示第 1 路 DT 无告警（其他）；1—3Hz 闪表示第 1 路 DT 无告警（随路）	闪烁
DT2	绿	第 2 路 DT 运行状态指示	灭表示单板数据未配置；亮表示第 2 路 DT 告警；2Hz 闪表示第 2 路 DT 无告警（其他）；1Hz—3Hz 闪表示第 2 路 DT 无告警（随路）	闪烁
DT3	绿	第 3 路 DT 运行状态指示	灭表示单板数据未配置；亮表示第 3 路 DT 告警；2Hz 闪表示第 3 路 DT 无告警（其他）；1—3Hz 闪表示第 3 路 DT 无告警（随路）	闪烁
DT4	绿	第 4 路 DT 运行状态指示	灭表示单板数据未配置；亮表示第 4 路 DT 告警；2Hz 闪表示第 4 路 DT 无告警（其他）；1—3Hz 闪表示第 4 路 DT 无告警（随路）	闪烁

3.9.5　PMON 板

3.9.5.1　概　述

为了确保各单板工作的可靠及运行环境的安全，对于大型程控交换设备来说，一个完善的告警和环境检测系统是必不可少的。环境监控板 PMON 合并了原来的监控板（MONI）和环境板（PEPD）的功能。可以实现对程控交换机房的环境进行监控，并把情况实时地上报给 MP，确保系统运行的安全。PMON 还可以通过 8 路 RS485 总线对时钟板（SYCK），光接口板（FBI），光中继板（ODT），电源板（POWER），交换网接口板（DSNI）进行监控，把各单板的工作情况上报给 MP 板，以提高系统的可靠性。同时提供两个 RS232 供用户备用。

3.9.5.2　功能和原理

PMON 板 CPU 采用 INTEL 嵌入式微处理器 386EX，386EX 通过两个双口 RAM 分别同主备 MP 通信。PMON 通过三个传感器采集环境参数，上报 MP，MP 可以通过 PMON 对三个传感器的供电进行控制。RS485 和 RS232 分别通过不同的接口电路接收和发送信号，实现对需要单板的监控和用户扩展功能，PMON 板运用了 MON 板与 PEPD 板的原理。

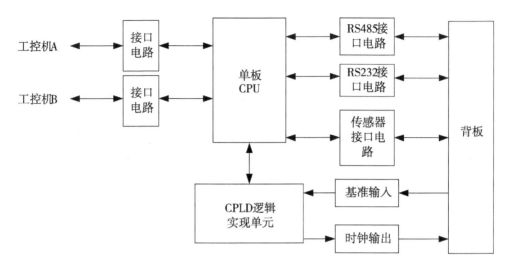

图 3.13　PMON 板原理框图

3.9.5.3　电路板板面说明

图 3.14　PMON 板面板图

3.9.5.4　电路板指示灯、布局、拨码开关和跳线

指示灯

PMON 板有两个指示灯，其含义如表 3.3 所示。

表 3.3　PMON 板指示灯

灯名	颜色	含义	说明	正常状态
RUN	绿	运行指示灯	常亮或快闪：表示电路板运行不正常，通信中断或无监控对象 1 秒亮 1 秒灭：表示电路板运行正常	1 秒亮 1 秒灭
FAU	红	故障指示	亮：表示本板故障（奇偶校验） 灭：灭时观察 RUN 灯状态	常灭

3.9.6　TNET 板

3.9.6.1　概　述

TNET 板是时钟交换网板，用于紧凑型 4K 网模块，是一个单 T 结构无阻时分塞交换网络，容量为 4K × 4K 时隙，PCM 总线速度为 8Mb/s，采用双入单出热主备用工作方式。同时单板本身带有同步时钟，可以接收四路来自数字中继板 DTI 和光接口板 FBI 平衡传送过来的 8kHz 时钟基准信号。硬件版本为 B030100。

3.9.6.2　功能和原理

TNET 板的原理如图 3.15 所示。

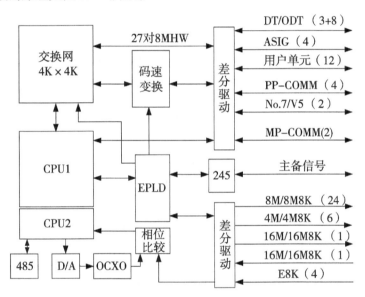

图 3.15　TNET 板原理框图

同步时钟交换网板（TNET）由同步时钟、交换网络、通信控制三个部分构成。使用了两个控制器 MPC850 和 89C52 分别控制交换网部分和同步时钟部分。

交换网络为 4K × 4K 无阻塞时分交换网，HW 线经差分发送和接收芯片驱动，提供给 PP 级单板使用。

同步时钟部分具有时钟基准接收电路，可以接收四路来自数字中继板 DTI 和光接口板 FBI 平衡传送过来的 8kHz 时钟基准信号。系统控制基准选择电路，选择一个时钟基准作为锁相的基准。CPU 根据相位比较器产生相位数据，通过一个 16bit 的 D/A 控制 OCXO 的输出，完成相位的锁定功能。分频器、相位比较器与基准选择电路都集成在 EPLD 内。时钟处理电路的功能是：使输出的 16MHz 及其帧头信号和 8MHz 及其帧头信号满足时序要求；将时钟进行分配并经差分驱动输出。

通信控制主要完成本板与 MP 的通信，物理层采用超信道（4×64kb/s）传输。链路层采用 HDLC 协议，它可以设置为超信道工作方式，即将 $n \times 64$kb/s（$n \leqslant 32$）信道打包，在物理上看成一个信道。

3.9.6.3 电路板面板说明

TNET 板面板如 3.16 所示。

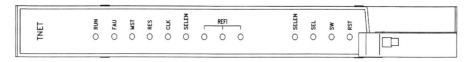

图 3.16　TNET 面板图

3.9.6.4 电路板指示灯、布局、拨码开关和跳线

TNET 板有九个指示灯，其含义如表 3.4 所示。

表 3.4　TENT 板上指示灯

灯名	颜色	含义	说明	正常状态
RUN	绿	正常运行指示灯	1Hz 闪表示 TNET 运行正常；10Hz 闪表示程序加载或与 MP 通信中断	1Hz 闪烁
FAU	红	错误状态指示灯	亮：表示本板故障 灭：表示本板正常	灭
MST	绿	主用状态运行指示灯	亮：表示本板主用 灭：表示主用无效	常亮或常灭
RES	绿	备用状态运行指示灯	亮：表示本板备用 灭：表示备用无效	常亮或常灭
CLK	绿	时钟控制器 正常运行指示灯	常亮：表示时钟同步控制器运行正常 闪烁：表示 OCXO 晶振正在预热	常亮
SELEN	绿	手动选用时钟 基准使能指示灯	亮：表示手动选择基准使能 灭：表示手动选择基准无效	
REFI（2） REFI（1） REFI（0）	绿	基准指示灯	三个基准指示灯 REFI 的亮和灭分别代表二进制的"1"和"0"，从上到下表示二进制的高位到低位，共代表 5 种状态，"000"表示无基准输入；"001""010""011"和"100"四种状态分别表示取四路输入中的哪一路时钟；"101"表示取 CKI 板基准	

TNET 面板上有四个按钮，其含义如表 3.5 所示。

表 3.5　TNET 板上按钮

按钮名	含义	说明
SELEN	手动选用时钟基准使能开关	按此开关，手动选用时钟基准使能指示灯亮或者灭，只有在 SELEN 亮时，才可以按 SEL 按钮手动选择时钟基准
SEL	手动选用时钟基准开关	通过此开关，可以顺序选择 4 路时钟基准中的 1 路
SW	主备倒换开关	通过按此开关，可以使主用 TNET 板由主用变为备用
RST	复位开关	按动此按钮可以使单板复位重启

3.9.7　SP 板

SP 板是用户处理器板，用于 ZXJ10B 型机的用户单元。SP 板向用户板及测试板提供 8MHZ，2MHZ，8kHZ 时钟；提供两条双向 HDLC 通讯的 2M HW；还提供两条双向话路使用的 8M HW 线；另留 4 条 2M HW 供四块 MTT 高阻复用，提供测试板和一些资源板的功能。SP 还提供两条双向 8M PCM 链路至 T 网。SP 能自主完成用户单元内的话路接续。

由于用户单元超过 128 路用户，SP 与驱动板都实行主备用。

SP 板插于交换机用户框 BSLC、BALT 或 BAMT、BRUD 内。硬件版本为 B000403。

SP 板主要用于 ZXJ10 交换机的用户单元，SP 板对用户板送来的 2M 通信链路进行 2M—8M 的速率变换，再交换至 CPU 进行处理；反之类推。SP 板与 COMM 板的通信使用两条 T 网 HW 中的 TS126（偶板位）或者 TS127（奇板位），通过交换网的半固定接续送至 COMM 板。SP 与 COMM 板的通信链路交叉连接，通信板采用逻辑主备方式。SP 板能够通过交换电路实现用户单元内的自主交换。SP 板还能够将与测试板之间的 4 条 2M HW 进行 2M—8M 的速率变换，再经 CPU 和交换电路转换到用户的 8M HW 中从而实现主叫号码与资源板功能。由于 SP 控制两层，与每个用户层各有一套接口。为保证跨层信号传输的可靠性，跨层接口采用差分传输至另一层，在另一层上由 SPI 接口板转换为单级性信号。

3.9.8　SMEM 板

3.9.8.1　概　述

SMEM 是主备为两 MP 交换数据而设，为主备两个 MP 数据暂存。

73

3.9.8.2 功能和原理

SMEM 功能：MP 利用共享内存板作为消息交换通道和数据备份，为方便主/备 MP 快速倒换而专门设计。

3.9.8.3 电路板面板说明

图 3.17 SMEM 板面板图

3.9.9 ASIG 板（B9906）

3.9.9.1 概　述

ZXJ10 – ASIG B9906 模拟信令板位于 DT 层，可与 DTI 混插。其主要功能是为 ZXJ10（V10.0）交换机系统提供 TONE 及语音发送、DTMF 收发号、MFC 收发号、CID（Calling Identity Delivery）传送、忙音检测、会议电话等功能，并便于以后新功能的扩展和添加。该板所提供的所有功能均需通过 T 网转接至相应的单元。

3.9.9.2 功能和原理

模拟信令板 ZXJ10 – ASIG B9906 的主要功能：

（1）DTMF 信号的接收和发送，一个子单元可配置 60 路；

（2）MFC 多频互控信号的接收与发送，一个子单元可配置 60 路；

（3）信号音及语音通知音的发送，一个子单元可配置 60 路；

（4）为有 CID 主叫号码显示的话机送出主叫信息，一个子单元可配置 30 路；

（5）会议电话功能，一个子单元可配置 60 路；

（6）忙音检测功能，一个子单元可配置 60 路。

鉴于以上功能，ZXJ10 – ASIG B9906 根据板上运行软件的不同，可以分成六种类型：MFC（多频互控板）、DTMF（双音多频收/发器板）、TONE（信号音及语音电路板）、CID（主叫号码显示板）、CON（会议电话功能板），忙音检测板。

T 网下来的 8M THWO 通过本板交换网分别接到两个 DSP 和 HDLC 接口。本板主控 CPU 对交换网进行接续控制，可以实现各路资源的分配与信令的提取。

3.10　本章小结

　　本章主要针对中央民族大学实验平台具体情况，设置了可实施的实验课程，并进行了介绍。

第4章 物理配置实验

ZXJ10（V10.0）交换机本身的配置关系描述了交换机的各种设备（交换网、用户处理器、用户电路板等）连接成局的方式。在本系统中这种关系共分为三种：缺省物理配置、（普通）物理配置和兼容物理配置。

4.1 缺省物理配置

缺省物理配置是系统提供的交换机通用默认配置，可使开局、维护人员从配置数据这一烦琐重复的劳动中解脱出来，也避免了由于操作不当、经验不足或理解错误而造成的各种问题。

在后台维护系统的"数据管理"菜单的"基本数据管理"子菜单中打开"缺省物理配置"窗口，界面如图4.1所示。

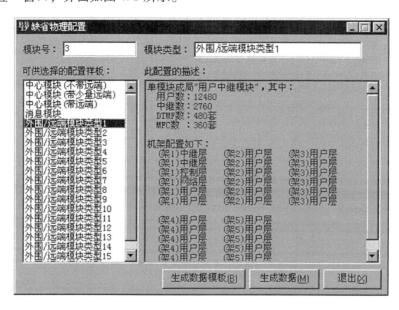

图4.1 "缺省物理配置"窗口

【操作】

生成数据。输入模块号并选择模块类型后，单击"生成数据"按钮，弹出进度条指示。待此过程结束后，即在该模块号上生成了指定类型的缺省物理配置。

4.2　物理配置

"物理配置"通过"配置结构树"和"机架图"使用户清楚地了解交换机的总体结构，并向用户提供浏览、操作 ZXJ10（V10.0）交换机基本配置的手段。

物理配置是按照模块—机架—机框—机槽顺序进行配置的，删除操作与配置操作顺序相反。用户在进行配置操作或删除操作时必须严格按照顺序进行。

增加或删除模块、机架或机框时，首先选择该对象的父对象，然后通过鼠标右键菜单或命令按钮进行；而修改模块、机架或机框的属性或参数则通过其本身的对象本身的右键菜单或命令按钮进行。

物理配置管理界面的主要功能有：

浏览交换局的物理结构（模块、机架、机框、电路板的层次结构等）；

修改交换机物理配置（例如增加、修改或删除模块、机架、机框、电路板等）；

数据生成（根据用户要求，生成默认的物理配置等）。

4.3　交换机配置

ZXJ10（V10.0）交换机由多个模块连接组成，配置什么样的交换模块及如何连接是交换机组网的首要问题。模块管理主要包括模块的增加、删除和属性修改，操作中注意：

增加模块必须指定模块的属性，若交换局是多模块局，则需在模块生成后修改其邻接模块属性。

删除模块必须在模块所属的机架删除以后方能进行。

模块生成后用户可以选择两种增加其他数据的方法：

逐条地加入机架、机框、电路板。

用户提出模块要求（用户、中继数量），由系统自动生成默认配置。

ZXJ10（V10.0）交换机主要由以下几种交换模块组成：

交换网络模块（Switching Network Module，SNM）

消息交换模块（Message Switching Module，MSM）

操作维护模块（Operation and Maintenance Module，OMM）

分组处理模块（Packed Handing Module，PHM）

外围交换模块（Peripheral Switching Module，PSM）

远端交换模块（Remote Switching Module，RSM）

在后台维护系统中执行"数据管理"—"基本数据管理"命令，打开"物理配置"窗口，交换机配置界面如图 4.2 所示。

图 4.2　交换机配置界面

【操作】

新增模块。在"中兴交换机"上单击鼠标右键，选中"新增模块"弹出菜单，或选中"中兴交换机"后直接单击"新增模块"按钮，即可进入"新增加模块"界面。

用户根据界面提示选择模块号和模块种类，再选择交换网类型（仅对交换网络模块）和组网计划（仅对远端/外围交换模块）后，单击"确定"按钮完成操作，单击"取消"按钮则放弃操作。新增模块界面如图 4.3 所示。

其中"模块号"的取值范围为 1—63，且 1 号模块固定为消息交换模块，2 号模块固定为操作维护模块（可同时作为交换网络模块或外围交换模块）。

用户在配置模块时，外围、远端模块类型只能选择其中一种。

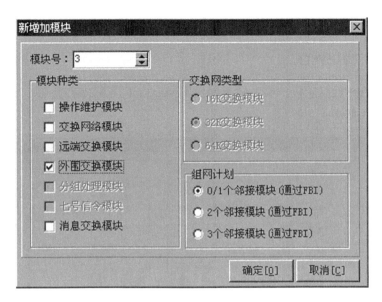

图 4.3　"新增加模块"界面

4.4　模块配置

模块配置界面如图 4.4 所示。

图 4.4　"模块配置"界面

　　选中相应模块后单击鼠标右键，通过弹出的菜单可以查看模块属性、配置通信板、配置单元、删除模块或新增机架等。同时也可以分别单击"模块属性""通信板配置""单元配置""删除模块"或"新增机架"等按钮来完成相应操作。

4.4.1　模块属性

模块属性界面随着模块类型的不同而不同。对于消息交换模块，仅能查看和修改模块名称，如图4.5所示。

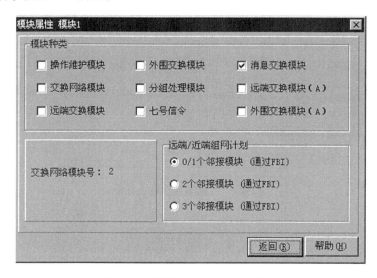

图 4.5　模块属性 – 消息交换模块

对于交换网络模块，可以调整 HW 时延、修改模块名称、改变组网连接关系，如图4.6所示（图中"近远端转换"按钮无效）。

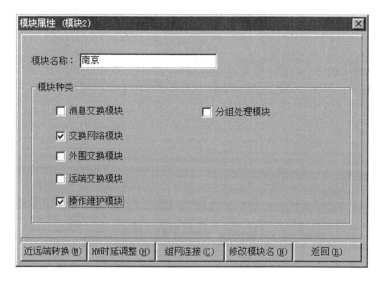

图 4.6　模块属性 – 交换网络模块

对于外围/远端交换模块，可以进行近远端转换、调整 HW 时延、修改模块名称、改变组网连接关系。界面同交换网络模块，其中"近远端转换"按钮有效。

4.4.2　HW 线时延调整

在某些模块属性界面中，单击"HW 线时延调整"按钮，即进入 HW 线时延调整界面。

根据实际情况进行 HW 线时延调整，最后单击"确认"按钮完成。单击"取消"按钮则放弃。HW 线时延调整界面如图 4.7 所示。

HW线时延调整 模块3		
网板号	HW号	时延
1	0	1
1	1	1
1	2	1
1	3	1
1	4	1
1	5	1
1	6	1
1	7	1
1	8	1
1	9	1
1	10	1

确定(O)　　取消(C)

图 4.7　"HW 线时延调整"界面

4.4.3　组网连接

ZXJ10（V10.0）交换机构成的交换局可由多个模块组成。模块间的有机连接构成交换机的模块间组网连接关系。ZXJ10（V10.0）交换机的组网结构如图 4.8 所示。

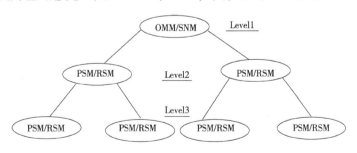

图 4.8　交换机的组网结构如图

整个 ZXJ10（V10.0）交换机是一个树型结构，深度为 3。树中的每个节点为模块，具有相同父节点的模块称为兄弟模块，兄弟模块间可以两两互联，某个模块的互联兄弟模块数量不能超过 4 个。

在进行模块组网之前必须先配置好 MPMP 通信板（具体过程可参见机架、机框配置），然后再根据不同的接口类型（FBI、ODT、DT 或 SDH）进行相应的配置，并且组网时应先从子模块开始，逐级连接到相应的父模块上。

选中欲改变组网关系的模块，单击鼠标右键并选中"属性"或直接单击"模块属性"按钮，然后单击"组网连接"按钮，进入如图 4.9 所示界面。

首先选择本模块号和邻接模块号，然后指定接口类型和模块连接关系，本模块和邻接模块的可用 PCM 端口列表将显示出来。

选中某个端口，单击"端口设置"按钮可进行调整。分别选中左右两个端口，可通过"连接"和"断开"按钮进行调整。

图 4.9　模块组网连接

调整完毕后，单击"确定"按钮完成，单击"返回"按钮放弃。

4.4.4　近远端转换

选中某外围（远端）交换模块，单击"近远端转换"按钮并确认后，可将该模块转换为外围（远端）交换模块。

注意：本功能仅对外围（远端）交换模块适用。

4.4.5　通信板配置

选中某模块，单击"通信板配置"按钮，界面如图 4.10 所示。

图 4.10　通信板端口配置

单击"配置通信板"按钮，系统将按缺省方式配置通信板。如图 4.11 所示。

图 4.11　按缺省方式配置通信板

选中某端口号，单击"删除通信板"按钮，确认则完成删除；如果此端口正在使用，则系统将予以提示，并放弃操作。

单击"全部配置"或"全部删除"按钮可对所有该模块的通信板进行配置或删

除端口。

4.4.6 单元配置

选中某模块，单击"单元配置"按钮，界面如图 4.12 所示。

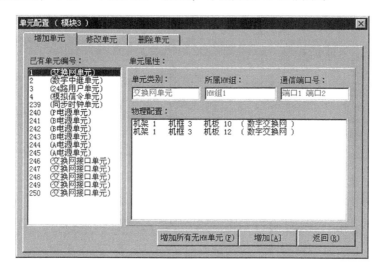

图 4.12 单元配置

选择"增加单元"页面（缺省），已经存在的单元将列表显示。选中某单元，其属性将随之显示。

单击"增加所有无 HW 单元"按钮并确认后，系统将自动增加无 HW 的单元。

单击"增加"按钮，则界面如图 4.13 所示。选择"单元编号"和"单元类型"之后，本模块可供分配的单元项将在左侧列表显示。选中某项，单击"＞＞"分配。

图 4.13 "增加"界面

分配给此单元的单元项在右侧显示，选中某项，单击"＜＜"释放。

注意：以下操作只能对已分配给此单元的单元项进行。以数字中继单元为例。

单击"子单元配置"按钮可进一步配置子单元（如果有的话），界面如图 4.14 所示。选择完毕后单击"确定"按钮确认，单击"取消"按钮放弃。

图 4.14　子单元配置

图 4.13 中，单击"HW 线配置"按钮可配置 HW 线。界面如图 4.15 所示。可单击"缺省 HW 配置"按钮采用缺省值，也可给出"网号"和"物理 HW 号"。最后单击"确定"按钮确认，单击"取消"按钮放弃。

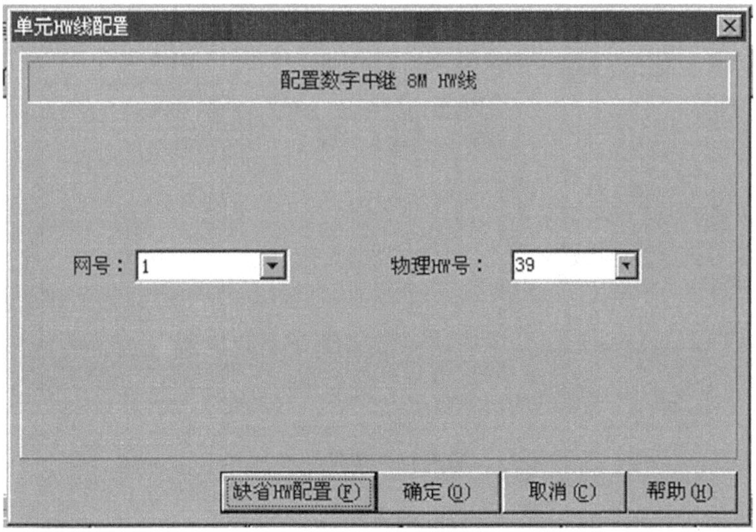

图 4.15　单元 HW 线配置

图 4.13 中，单击"通信端口配置"按钮可配置通信端口。界面如图 4.16 所示。可单击"使用缺省值"按钮使用缺省值，也可给出端口号。最后单击"确定"按钮确认，单击"取消"按钮放弃。

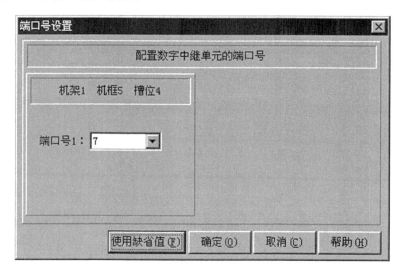

图 4.16 通信端口配置

图 4.13 中，选择"修改单元"选项卡，界面如图 4.17 所示。

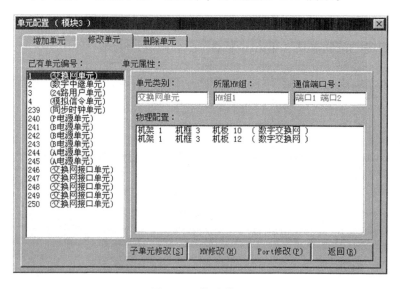

图 4.17 修改单元

单击"子单元修改"按钮、"HW 修改"按钮、"Port 修改"按钮，界面分别类似于图 4.14，图 4.15，图 4.16 所示。修改完毕后单击"确定"按钮确认，单击

"取消"按钮放弃。

在图 4.13 中,选择"删除单元"选项卡,界面如图 4.18 所示。

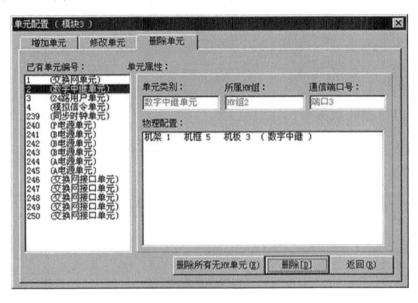

图 4.18 "删除单元"界面

单击"删除所有无 HW 单元"按钮并确认后,系统将删除所有无 HW 的单元。

选中一个单元,单击"删除"按钮并确认后,系统将删除指定单元。如果因此单元正在使用而不能删除,系统将予以提示。

4.4.7 删除模块

选中模块,单击"删除模块"按钮并确认后,此模块将被删除。

 注意

如果被选中的模块还配备有机架,则应首先删除机架,否则模块不能被删除。

4.4.8 新增机架

选中模块,单击"新增机架"按钮。在弹出的对话框中输入/选择机架号后单击"确定"按钮确认,单击"取消"按钮放弃。如果机架号已存在,系统将予以提示。

4.5　机架配置

机架配置界面如图 4.19 所示。

【操作】

4.5.1　删除机架

选中某机架，执行"删除机架"命令，则该机架将从模块中删除。如果机架中配备了机框，则系统将提示应首先删除机框。

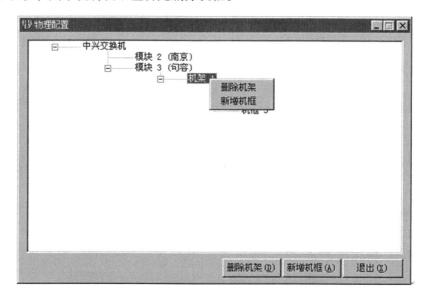

图 4.19　机架配置界面

4.5.2　新增机框

在图 4.19 中，选中某机架，执行"新增机框"命令，界面如图 4.20 所示。

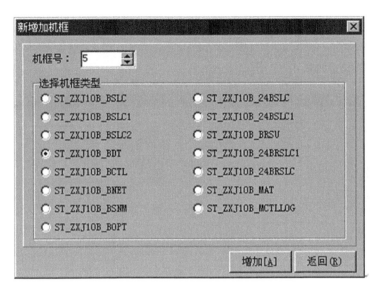

图 4.20　"新增加机框"界面

选择机框号并选定机框类型后，单击"增加"按钮即可。如果所指定机框号已存在，系统将提示重新选择。

机框类型的含义如下表所示。

机框类型含义

ST_ ZXJ10B_ B24SLC1	B24SLC 的上面第一层用户框
ST_ ZXJ10B_ B24SLC	B24SLC 机框，用户板单板 24 用户线
ST_ ZXJ10B_ MSNM	BSNM 机框
ST_ ZXJ10B_ MNET	BNET 机框
ST_ ZXJ10B_ MCTL	BCTL 机框
ST_ ZXJ10B_ MDT	BDT 机框
ST_ ZXJ10B_ MSLC1	BSLC 的上面第二层用户框
ST_ ZXJ10B_ MSLC2	BSLC 的上面第一层用户框
ST_ ZXJ10B_ MSLC	BSLC 的上面用户框

　注意

机框号最大为 6，并且机框号和机框类型必须匹配（系统对每种机框都提供默认类型，一般直接采用即可），否则系统将予以提示，要求重新选择。

4.5.3 机框配置

机框配置界面如图 4.21 所示。

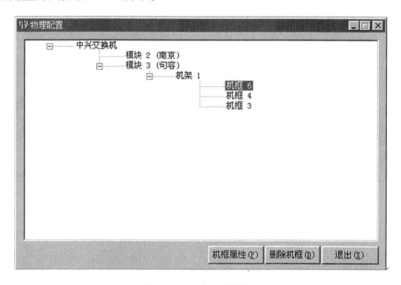

图 4.21 机框配置界面

【操作】

4.5.4 机框属性

图 4.21 中，选中某机框，单击"机框属性"按钮，界面如图 4.22 所示。

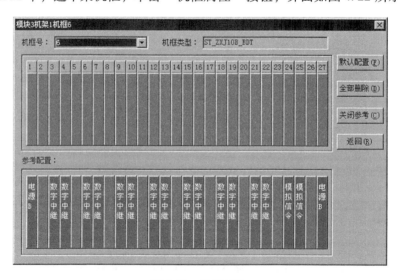

图 4.22 机框属性

单击"默认配置"按钮，首先弹出"默认安装进度"进度条，系统按照"参考配置"配备该机框。结果如图 4.23 所示。

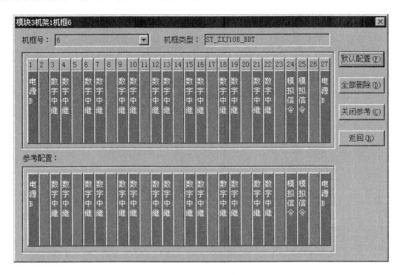

图 4.23　默认配置

单击"全部删除"按钮，系统将删除该机框中所有电路板。

单击"关闭参考"按钮，界面下方的参考配置将关闭，此按钮变为"参考配置"按钮，单击它将恢复初始界面。

如果想操作单块电路板，则需用鼠标右键单击该板，在弹出菜单中执行相应的命令：执行"插入电路板"命令，将弹出对话框。选定电路板种类后单击"确定"按钮确认，单击"取消"按钮放弃（如当前位置只能插一种板，则此功能同"插入默认的电路板"）。

执行"插入默认的电路板"命令，系统将按照参考配置在当前位置插入电路板。

执行"删除电路板"命令，该电路板将从机框中删除。如不能删除，系统将予以提示。

4.5.5　删除机框

选中某机框，执行"删除机框"命令，该机框将从机架中删除。如果该机框中还有电路板，系统将提示首先删除电路板。

兼容物理配置：

ZXJ10（V10.0）交换机在设计上充分考虑了 ZXJ10（V4.×）用户的利益，具有良好的向下兼容性，可以在尽量保留 ZXJ10（V4.×）设备的情况下提供平滑扩容功能，使其能接入 ZXJ10（V10.0）。兼容物理配置就是为此而设计的。

在后台维护系统的"数据管理"菜单的"基本数据管理"子菜单中执行"兼容物理配置"命令，界面如图 4.24 所示。

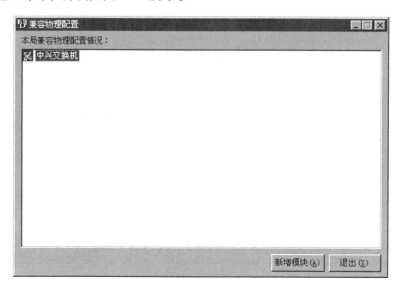

图 4.24 兼容物理配置界面

4.6　本章小结

本章主要对物理配置实验的过程进行了详细的展示和介绍，为实验使用者提供了很好的参考。

第5章 交换局配置

5.1 交换局配置基本结构

ZXJ10（V10.0）交换机作为一个交换局在电信网上运行时，可以是单模块局，也可以是多模块局。无论是单模块局还是多模块局，都是作为电信网的一个交换节点存在的，必须和网络中其他交换节点联网配合才能完成网络交换功能。因此这将涉及交换局的某些数据配置情况。只有有效地配置这些数据，才能实现交换网络的正常运营。

由于局数据（描述交换局特性的重要数据）关系到整个交换局的正常运行，因此数据的修改需要极其慎重。

交换局配置基本结构如图 5.1 所示。

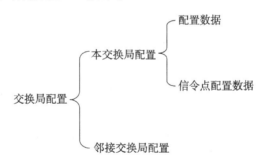

图 5.1　交换局配置基本结构

其中，对于配置数据和信令点配置数据，用户可以根据实际情况设置或修改；对于邻接交换局配置，用户只能增加、删除或修改与本交换局相关的信息。

在后台维护系统的"数据管理"菜单的"基本数据管理"子菜单中执行"交换局配置"命令。界面如图 5.2 所示。

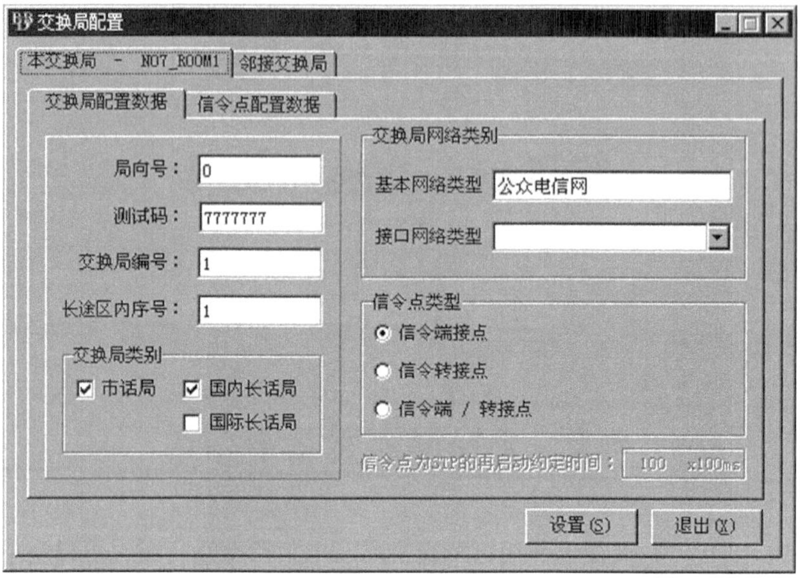

图 5.2　交换局配置

5.2　本交换局

在交换局配置数据管理界面中，用户仅能查看本交换局的属性。修改或设置本交换局的相关数据时，都需在设置本交换局配置数据界面或设置本交换局信令点配置数据界面中进行操作。

5.2.1　配置数据

本交换局配置数据包括配置交换局的局向号、编号、长途区内序号、交换局网络类别、交换局类别、信令点类别等内容。其中：

局向号用来标识本交换局与邻接交换局，其编码范围为1—128。对于本局来说，其局向号是固定不变的，取值为0。

交换局名称根据使用者所在的地区设定。

交换局基本网络类型如表5.1所示。

表 5.1　网络类型

交换网络类别取值	解释
1	PSTN 网
2	铁路网

交换网络类别取值	解释
3	军用网
4	电力网
5	煤炭网
6	移动网
7	网络7
8	网络8

网络名称可以随使用者的实际输入类别而改成有实际意义的。ZXJ10（V10.0）交换机最多可以作为8个不同类型的电信网的接口交换局。

交换局类别根据实际需要进行选择，可以几个同时选择。

信令点类型为互斥性选择。若所开局为"信令转接点"或"信令端/转接点"时，还要根据局方要求设定"本信令点作为STP时再启动时间"项，缺省为20×100ms。

出于电信网络管理需要，每一交换局都分配一个全国统一的交换局编号。

长途交换局号码由字冠"0"与后续长途区号组成。在同一长途编号区内设多个长途交换局时，长途局号由字冠"0" + "后续长途区号/长途交换局序号"组成，即$0XX/Y_1$。XX为长途区号，Y_1为同一长途编号区内长途交换局序号，$Y_1 = 0$，1，…，9。

国际交换局号码由字冠"00"与后续国际局所在城市的长途区号组成。同一长途编号区内设置多个国际交换局时，国际局由字冠"00" + "后续长途区号/国际交换局序号"组成，即$00XX/Y_2$。Y_2为同一长途编号区内国际交换局序号，$Y_2 = 0$，1，…，9。

本地局号码第一位为"2—9"，可以有1位，2位，3位，4位四种。送到全国和省网络管理中心的本地局号码由"0 + 长途区号 + 本地局号"组成。在同一长途编号区内设置多个长途交换局时，在长途区号后面不加"/Y_1"。当一个大容量交换局包括几个局号时，只采用一个局号。

长途区内序号即Y_1或Y_2，一般取1或2。

测试码可设定任意数字序列（长度不大于16位）。

当用户在信令点类别中选择信令转接点或信令端/转接点时，还需根据实际情况设置本信令点作为STP再启动约定时间。

【操作】

设置本交换局配置数据。在"交换局配置数据管理"界面中，单击"设置"按钮，进入"设置本交换局配置数据"界面。

用户可以根据实际需要设置相关数据。输入交换局名称，在"基本网络类型"下拉式菜单中选取基本网络类型。通过"＜＜"按钮或"＞＞"按钮可以选中或删除接口类型。其他项目也应做出相应输入或选择。

完成后，单击"确认"按钮完成操作，单击"取消"按钮则放弃操作。

"设置本交换局配置数据"操作界面如图 5.3 所示。

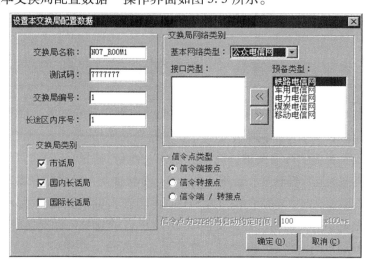

图 5.3　设置本交换局配置数据

5.2.2　信令点配置数据

本交换局信令点配置数据包括配置本交换局的信令点编码、拨号字冠和区域编码。信令点配置数据界面如图 5.4 所示。

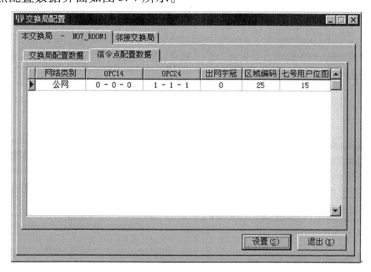

图 5.4　信令点配置数据

其中，OPC14 和 OPC24 分别代表 14bit 和 24bit 比特的信令点编码（SPC）。ZXJ10（V10.0）具备对此两种编码兼容的能力。其编码规则如表 5.2 所示。

表 5.2　编码规则

类别	SPC		
	主信令区编码	分信令区编码	信令点编码
OPC14	3	8	3
OPC24	8	8	8

即 OPC14 三位编码的取值范围分别为：0—7、0—255、0—7。

OPC24 三位编码的取值范围分别为：0—255、0—255、0—255。

拨号字冠：本交换局出本网的区域编码，至多两位。

区域编码：本交换局对应网的区域编码，至多四位。

【操作】

配置本交换局信令点数据。在"交换局设置数据管理"界面中，选择好网络类别后，单击"设置"按钮，进入"设置本交换局信令点配置数据"界面。

用户根据局方数据约定，添加各数据，然后单击"确认"按钮完成操作，单击"取消"按钮放弃操作。

设置本交换局信令点配置数据界面如图 5.5 所示。

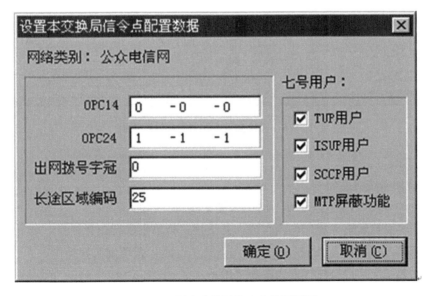

图 5.5　配置本交换局信令点数据界面

5.3 邻接交换局

邻接交换局是指和本交换局之间有直达话路连接或者有直达信令链路连接的交换局。"邻接交换局"配置邻接交换局的局向、交换局类别、号域编码、子业务字段 SSF、目的信令点编码 DPC、网络类别、信令点类型、与本交换局的连接方式、测试标志和有关的 SSN 位图等数据。

邻接交换局配置数据管理界面如图 5.6 所示。

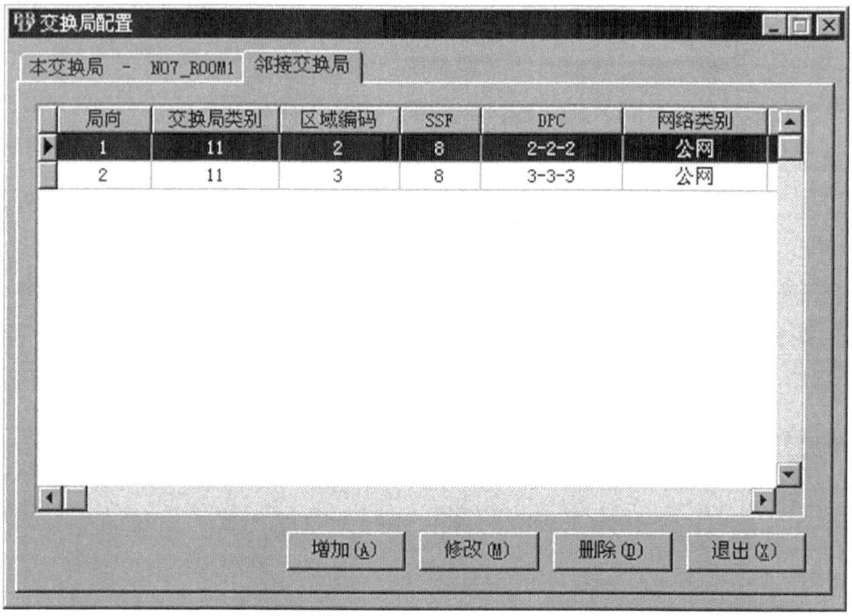

图 5.6 邻接交换局配置数据管理界面

操作如下：

1. 增加邻接交换局

单击"增加"按钮，进入"增加邻接交换局"界面。

根据界面提示输入相应的内容或在其下拉式菜单中进行选择。

最后单击"确定"按钮完成操作，单击"返回"按钮则放弃操作。

增加邻接交换局操作界面如图 5.7 所示。

2. 修改邻接交换局属性

选中局向号，单击"修改"按钮，进入"修改邻接交换局属性"界面，操作与增加邻接交换局类似，用户可互相参阅。

图 5.7 增加邻接交换局操作界面

3. 删除邻接交换局

单击"删除"按钮,进入"删除邻接交换局"界面,选中欲删除项(一次删除多项可用"shift + ↑或↓"键或"ctrl + 鼠标左或右键"选中)后,再单击"删除"按钮并在对话框中单击"确认"按钮即可完成删除操作,若不确认或直接单击"返回"按钮则放弃操作。

"删除邻接交换局"界面如图 5.8 所示。

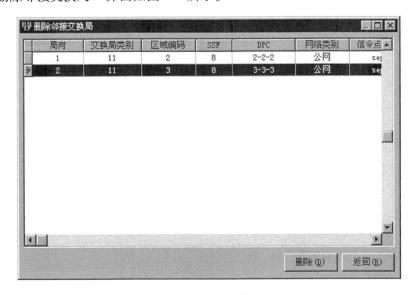

图 5.8 "删除邻接交换局"界面

5.4　本章小结

本章对交换局配置进行了详细介绍，为实验者提供了很好的帮助。

第6章 号码管理

6.1 号码管理

ZXJ10（V10.0）交换机的号码管理功能包括：本局号码资源配置、号码分析表构造和用户线改号。

在 ZXJ10（V10.0）交换机中，所有本局局号统一编号，称为本局局码（NOC），其范围为 {1，2，3，…}，并且本局局号与本局局码呈一一对应关系。一个本局局号对应的本局电话号码长度是确定的，不同本局局号对应的本局电话号码长度可以不同。

不同号长的用户号码中本局局号、用户号和百号组之间的相互对应关系如下：

对于 8 位号长：

记为 PQRSABCD，本局局号为 PQRS，用户号为 ABCD，百号组为 AB。

对于 7 位号长：

记为 PQRABCD，本局局号为 PQR，用户号为 ABCD，百号组为 AB。

对于 6 位号长：

记为 PQABCD，本局局号为 PQ，用户号为 ABCD，百号组为 AB。

对于 5 位号长：

记为 PABCD，本局局号为 P，用户号为 ABCD，百号组为 AB。

记为 PQBCD，本局局号为 PQ，用户号为 BCD，百号组为 QB。

记为 PQRCD，本局局号为 PQR，用户号为 CD，百号组为 QR。

对于 4 位号长：

记为 PBCD，本局局号为 P，用户号为 BCD，百号组为 PB。

记为 PQCD，本局局号为 PQ，用户号为 CD，百号组为 PQ。

记为 PQRD，本局局号为 PQR，用户号为 D，百号组为 PQ。

对于 3 位号长：

记为 PCD，本局局号为 P，用户号为 CD，百号组为 P。

记为 PQD，本局局号为 PQ，用户号为 D，百号组为 P。

在后台维护系统的"数据管理"菜单的"基本数据管理"子菜单中执行"号码管理"菜单项的"号码管理"功能，界面如图 6.1 所示，分为两个页面。

本局局号索引：维护（增加、删除）本局局号和局号索引。

本局用户号码：维护（增加、删除）百号组；管理用户号码和用户线的分配关系（放号、删号、用户改线、一机多号）。

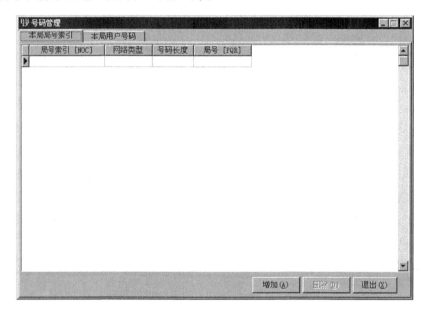

图 6.1 号码管理

6.2　局号索引

6.2.1　增加局号索引

打开"本局局号索引"选项卡。

单击"增加"按钮，弹出如图 6.2 所示对话框。用户输入"局号索引""局号""号码长度"，并选择了"网络类型"后，单击"确定"按钮确认，单击"取消"按钮放弃。

图 6.2 "本局局号索引"页面之"增加局号索引"

其中:

局号索引编码范围为 {1，2，3，…}；

网络类型在交换局配置中定义；

号码长度根据实际情况定义。

本地局号码第一位为"2—9"，可以有 1 位、2 位、3 位、4 位四种，送到全国和省网络管理中心的本地局号码由"0 + 长途区号 + 本地局号"组成，在同一长途区内设置多个长途交换局时，在长途区号后面不加长途交换局序号。当一个大容量交换局包括几个局号时，只采用一个局号。

6.2.2 删除局号索引

单击"删除"按钮，弹出对话框如图 6.3 所示。选中某局号索引（"shift + ↑或↓"键或"ctrl + 鼠标左或右键"可一次选择多个），单击"删除"按钮后并确认后，即可完成删除局号索引的操作。

注意

已经被使用的局号索引不能被删除。

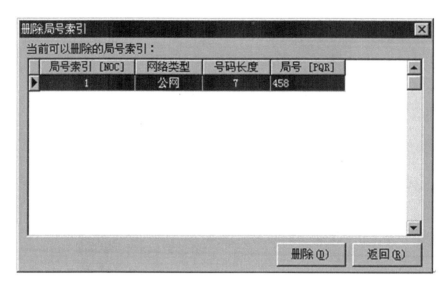

图 6.3　删除局号索引

6.3　本局用户号码

在 ZXJ10（V10.0）交换机中，确定一个用户线端口号需要两个步骤：

（1）确定用户号码分配的交换模块号；

（2）确定用户线端口号。

根据用户号码确定交换模块号，是按照用户百号组来确定用户号码分配的模块号。一个用户号码百号组是指相对某个本局局号的用户号码的千位号和百位号。

在图 6.1 中，选中"本局用户号码"页面，界面如图 6.4 所示。其中"用户类别"包括：

所有用户

PSTN 模拟用户

ISDN 基本速率接口（2B + D）

ISDN 基群速率接口（30B + D）

V5 用户

引示线号码

已改号用户号码

未使用号码

注意

V5 用户号码和引示线号码仅供浏览，在此不能进行修改等操作。若用户想进行其他操作，可转至相应的操作界面进行操作。

"百号组内的用户号码"的"类别"含义说明：

空——表示未被用

A ——模拟用户号码

V5 ——V5 用户号码

2B ——基本速率数字用户号码

30B ——基群速率数字用户号码

PL ——引示线号码

CH ——已改号用户号码

 + ——附加号码

 * ——备用话务台号码

图 6.4　本局用户号码

105

6.3.1 分配百号

单击"分配百号"按钮，弹出如图 6.5 所示对话框。选择局号和模块号后，待分配百号组和已分配但尚未放号的百号组将分左右两列显示。

选中某待分配的百号组（"shift + ↑或↓"键或"ctrl + 鼠标左键"可一次选择多个），单击"分配"按钮或直接将其拖至"尚未放号的百号组"一栏中，即可完成操作。

选中某尚未放号的百号组，（"shift + ↑或↓"键或"ctrl + 鼠标左键"可一次选择多个），单击"释放"按钮或直接将其拖至"待分配的百号组"一栏中，即可完成操作。

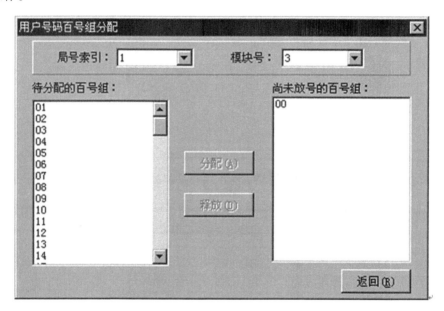

图 6.5 分配百号

6.3.2 删除百号

单击"删除百号"按钮，弹出如图 6.6 所示对话框，选择欲删除的百号组（"shift + ↑或↓"键或"ctrl + 鼠标左或右键"可一次选择多个），单击"删除"按钮并确认后，即可完成删除操作。

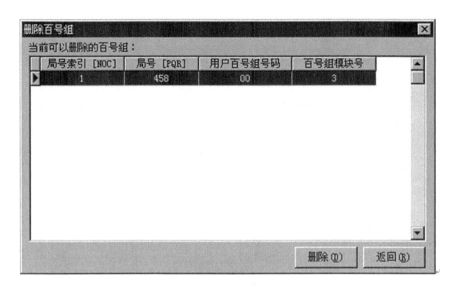

图 6.6　删除百号

　注意

当前正在被使用的百号组不允许删除，只有允许被删除的百号组才显示在列表中。

6.3.3　放　号

单击"放号"按钮，弹出界面如图 6.7 所示。

此前，已经为交换机定义了用户号码资源，并配备了用户线，通过"放号"过程确定本局用户号码的用户线分配关系。

放号就是将某一用户号码与一条物理用户线对应起来。只有放号后的用户号码才能使用。

放号有三种方式：自动放号、批量用户线放号和单个用户线放号。其中自动放号用于全局性的大量用户放号，批量用户线放号用于有选择性的一批用户号码和用户线放号，而单个用户线放号则适用于对某个单独的用户线进行放号。

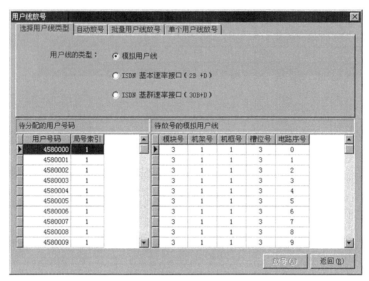

图6.7 放号

选择用户线类型：选中"选择用户线类型"页面（缺省）。不论采用何种放号方式，都应先选择用户线类型。有三种用户线类型：模拟用户线、ISDN 基本速率接口（2B + D）和 ISDN 基群速率接口（30B + D）。应根据实际情况进行选择。

自动放号：打开"自动放号"选项卡。首先选择按局号索引还是按模块号放号，并选定局号索引和模块号，可分配的百号组号码将会显示出来。选择某个百号组后，单击"放号"按钮即可自动放号。如图6.8 所示。

自动放号仅在当前模块上进行，若当前模块上的用户电路数不足，系统会提示用户还有多少可供分配的电路数量，应根据实际情况选择是否继续放号。

图6.8 自动放号

注意

自动放号只能针对从未使用的百号组进行。若某个百号组内已有至少一个号码被使用，则无法再对该百号组进行自动放号。对于尚未使用的用户线，自动放号将会按最大限度放号。

批量用户线放号：打开"批量用户线放号"选项卡。界面如图 6.9 所示。

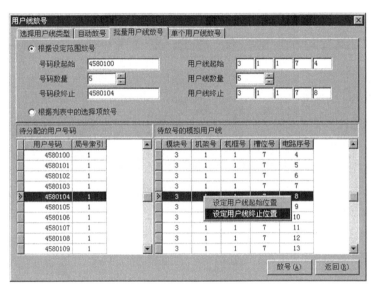

图 6.9　批量放号

批量用户线放号有两种方式：根据设定范围（连续）放号和根据列表中的选择项放号。

根据设定范围放号时，用户应首先设定号码段起止范围、数量和用户线起止范围、数量。方法如下：

在待分配的用户号码列表中，选中较小的用户号码，单击鼠标右键，设定号码段起始用户号码；选中较大的用户号码，单击鼠标右键，设定号码段终止用户号码。

同样的操作可以设定用户线位置范围。

单击"放号"按钮即可进行选定批量用户线放号（当仅选择一个用户时，批量用户线放号即为单个用户线放号）。

根据列表中的选择项放号时，用户直接在待分配的用户号码和待放号的用户线中进行选择后，进行放号。

选择待分配的用户号码和用户线（通过"shift + ↑或↓"键或"ctrl + 鼠标左或右键"一次选择多个），然后单击"放号"按钮即可。

 注意

在进行批量用户线放号时，如果号码数量与用户线数量不一致，系统将按照较小的数量放号。

单个用户线放号：打开"单个用户线放号"选项卡。界面如图 6.10 所示。

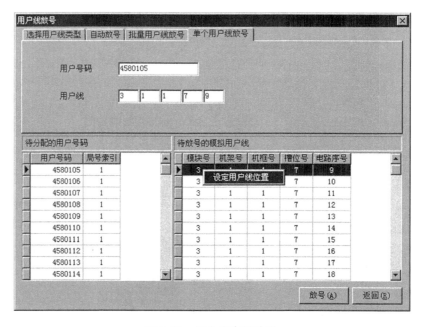

图 6.10　单个用户线放号

其操作与按设定范围批量用户线放号类似。在待分配的用户号码列表中，选中某用户号码，单击鼠标右键设定用户号码；在待放号的用户线列表中选中某用户线位置，单击鼠标右键执行"设定用户线位置"命令。

单击"放号"按钮即可进行单个用户线放号。

6.3.4　改　线

单击"改线"按钮，界面如图 6.11 所示。

图 6.11 改线

改线是指改变用户号码和用户线之间的对应关系。它包括批量用户号改线和单个用户号改线两种操作方式。

打开"选择用户类型"选项卡（缺省），其操作类似于"放号"时的"选择用户线类型"。

选中"批量用户号改线"页面，界面如图 6.12 所示，其操作类似于"放号"中的"批量用户线放号"。

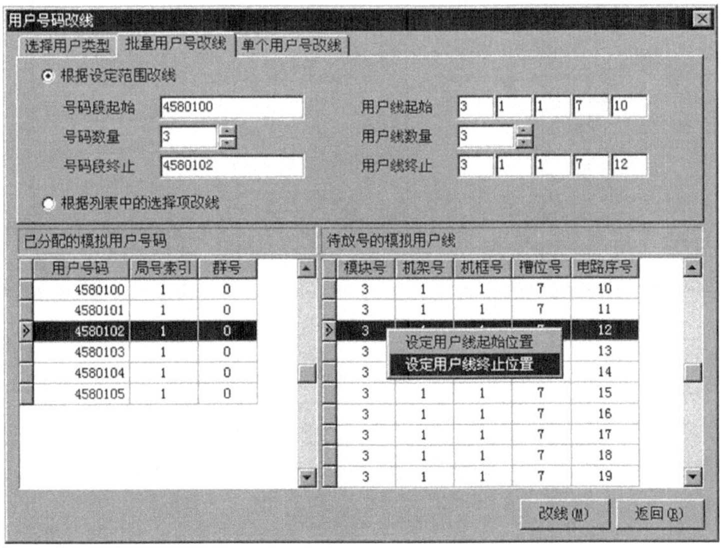

图 6.12 "批量用户号改线"界面

打开"单个用户号改线"选项卡。界面如图 6.13 所示，其操作类似于"放号"中的"单个用户线放号"。

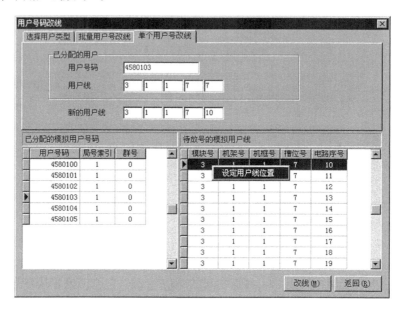

图 6.13 "单个用户号改线"界面

6.3.5 一机多号

单击"一机多号"按钮，界面如图 6.14 所示。

图 6.14 "一机多号"界面

一机多号是指对一个已有用户号码的用户线再进行放号，使此用户线对应两个或更多的用户号码。

ZXJ10（V10.0）机的一机多号既适用于数字用户线，也适用于模拟用户线。前者在具有多个终端时申请该业务，可以方便地确定呼叫与终端的对应关系；而对于后者一般是指一机双号，用不同的振铃声来区分不同的号码。

打开"选择用户线类型"选项卡（缺省）。

其操作类似于"放号"时的"选择用户线类型"。

打开"放号"选项卡。界面如图 6.15 所示。

图 6.15　一机多号—放号

一机多号的放号与单个用户线放号类似，在待分配的用户号码列表中，选中某用户号码，单击鼠标右键设定（新）用户号码；在已放号的用户号码列表中选中某用户号码，单击鼠标右键设定（原）用户号码。

单击"放号"按钮即可进行一机多号放号。

打开"指定缺省号码"选项卡。界面如图 6.16 所示。

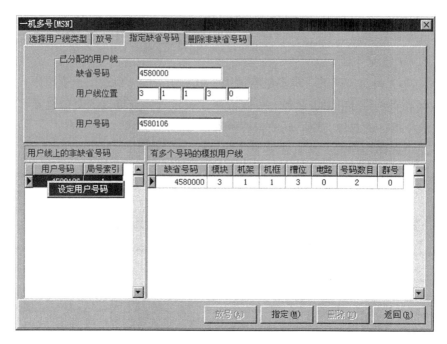

图 6.16　"指定缺省号码"界面

一般情况下，系统会把用户线第一次分配的用户号码默认为缺省号码。如果用户想更改缺省号码，则应在"指定缺省号码"选项卡中进行重新指定。

其操作与放号类似。分别按顺序指定用户线和新指定的缺省号码之后，单击"指定"按钮即可。

一般情况下，系统会把用户线第一次分配的用户号码默认为缺省号码。如果用户想更改缺省号码，则应在"指定缺省号码"中进行重新指定。

其操作与放号类似。分别按顺序指定用户线和新指定的缺省号码后，单击"指定"按钮即可。

打开"删除非缺省号码"选项卡。界面如图 6.17 所示。

用户可以删除一机多号中的某个非缺省号码。如果想删除缺省号码，则应先在"指定缺省号码"中将其变为非缺省号码后再删除。

其操作与指定缺省号码类似，选中用户线和用户线上的非缺省号码后，单击"删除"按钮即可删除非缺省号码。

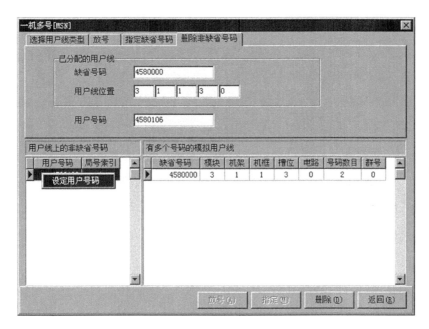

图 6.17 "删除非缺省号码"界面

  注意

对于具有一机多号的用户在删除时，应先删除非缺省号码后，才能进行用户号码的删除。

6.3.6 删除号码

单击"删除"号码按钮，界面如图 6.18 所示。

首先需要选择"用户类型"，然后选择列表中的号码显示方式（按局号索引、百号组、模块号），最后从列表中选定待删除的用户号码（"shift + ↑ 或 ↓"键或"ctrl + 鼠标左或右键"可一次选定多个），单击"删除"按钮并确认即可。

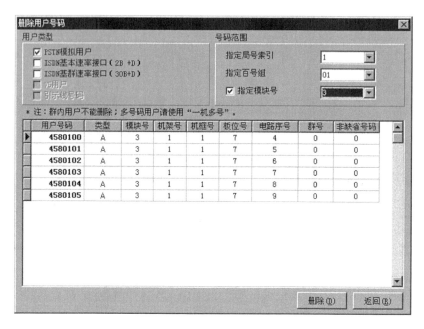

图 6.18   "删除"用户号码界面

    注意

列表中不显示引示线号码、V5 用户号码。具有群属性或具有一机多号的用户不允许删除。

6.4   号码分析

交换机的一个重要功能就是网络寻址，电话网中用户网络的地址是电话号码。号码分析主要用来确定某个号码流对应的网络地址和业务处理方式。

ZXJ10（V10.0）交换机系统提供七种号码分析器：新业务号码分析器、CENTREX 号码分析器、专网分析器、特服号码分析器、本地网号码分析器、国内长途号码分析器和国际长途号码分析器。对于某一指定的号码分析选择子，号码严格按照固定的顺序经过选择子中规定的各种分析器，由分析器进行号码分析并输出结果。如图 6.19 所示。

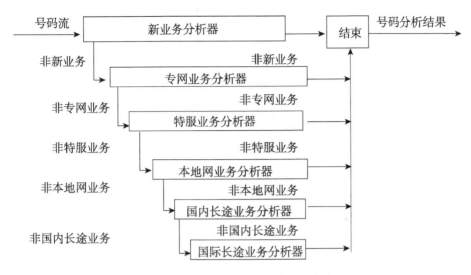

图 6.19 六个号码分析器的使用方法

在后台维护系统的"数据管理"菜单的"基本数据管理"子菜单中执行"号码管理"菜单项的"号码分析"命令。界面如图 6.20 所示,共分两个界面。

号码分析选择子:维护(增加、删除或修改)号码分析选择子。

分析器入口:维护(增加、删除或修改)号码分析器。

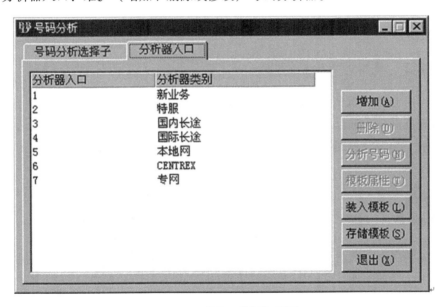

图 6.20 "号码分析"界面

6.4.1 号码分析选择子

打开"号码分析选择子"选项卡。界面如图 6.21 所示。

选中某选择子，系统将显示它所包含的分析器。若某分析器为0，则表示该类分析器没有配置，使用此选择子的号码流不进行该类分析（后面的号码分析器称为前面的后续号码分析器）。

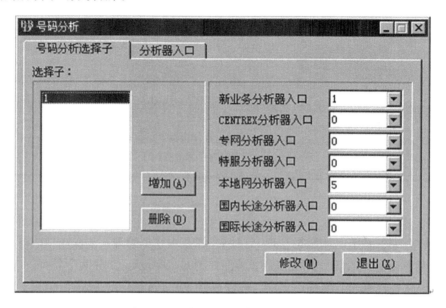

图 6.21　"号码分析选择子"界面

【操作】

6.4.2　增加号码分析选择子

单击"增加"按钮，弹出对话框如图6.22所示。

根据实际情况进行选择之后，单击"确定"按钮即可完成。确认所有选择子增加完毕后，单击"返回"按钮即可。

　　注意

缺省情况下，新业务、特服、国内、国际长途的号码分析器入口是固定不变的（分别为1、2、3、4）；CENTREX、专网和本地网的号码分析器入口则由系统随机分配，但有一定的取值范围。

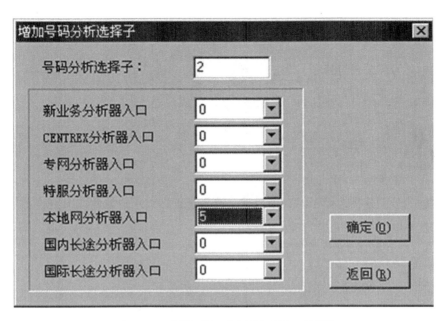

图6.22 "增加号码分析选择子"对话框

号码分析选择子（缺省情况）如下表所示。

号码分析选择子

分析选择子	取值
新业务号码分析器入口	1，5－8192
特服业务号码分析器入口	2，5－8192
国内长途号码分析器入口	3，5－8192
国际长途号码分析器入口	4，5－8192
专网号码分析器入口	5－8192
CENTREX 分析器入口	5－8192
本地网号码分析器入口	5－8192
空	0

6.4.3 修改号码分析选择子

选择某选择子，完成对其所包含的分析器的修改，单击"修改"按钮并确认后，即可修改该号码的分析选择子。

6.4.4 删除号码分析选择子

选中某号码分析选择子,单击"删除"按钮并确认后,即可删除该号码分析选择子。

 注意

在删除号码分析选择子时,如果某个选择子正在被用户属性或中继组属性使用,则不允许删除。

6.4.5 分析器入口

打开"分析器入口"选项卡(缺省),界面如图6.23所示。

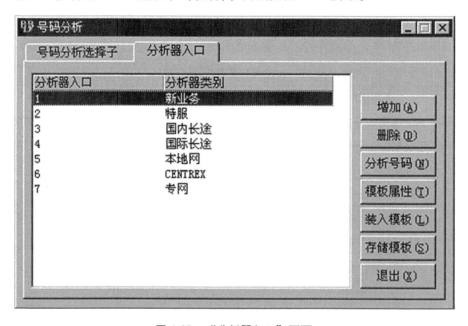

图6.23 "分析器入口"页面

【操作】

6.4.6 增加号码分析器

单击"增加"按钮,弹出对话框如图6.24所示。

120

选择要创建的分析器类型（如果需要继承已有的同类型分析器，则应选中"根据已有的相应分析器复制分析号码"，并给出其入口号），单击"确定"按钮即可完成，单击"取消"按钮则放弃。

每当创建一个号码分析器时，系统将自动地将模板中相应类型的数据读入。分析器模板将在后面介绍。

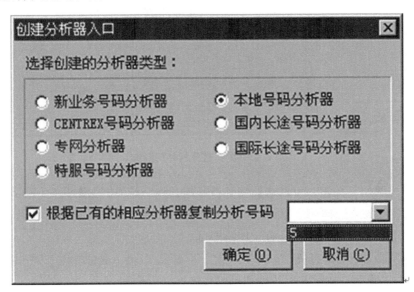

图 6.24　创建分析器入口

6.4.7　删除号码分析器

选中某号码分析器，单击"删除"按钮并确认后，即可删除该号码分析器。

注意：正在被号码分析选择子所使用的号码分析器不允许删除。

6.4.8　浏览被分析号码属性

选中某分析器，单击"分析号码"按钮，可以浏览该分析器中的被分析号码。界面如图 6.25 所示。

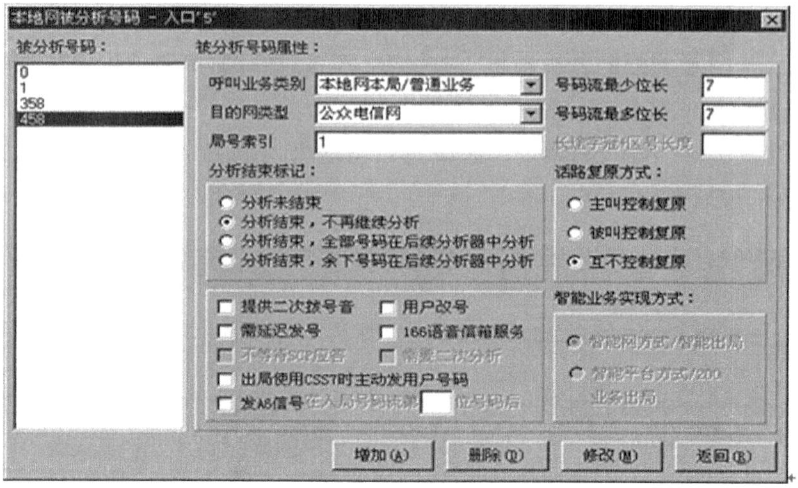

图 6.25   浏览被分析号码属性

单击"增加"按钮，可以增加被分析号码，弹出对话框如图 6.26 所示。

根据实际需要选择/输入后，单击"确定"按钮即可增加被分析号码。确定被分析号码增加完毕，单击"返回"按钮即可。

选中某被分析号码（按"shift + ↑或↓"键或"ctrl + 鼠标左键"可一次选择多个），单击"删除"按钮并确认后即可删除该被分析号码。

选中某被分析号码，根据实际需要进行修改后，单击"修改"按钮并确认即可修改该被分析号码的属性。

6.4.9   维护模板属性

为了减少开局的工作量，避免大量重复性工作，本维护系统设计了号码分析器模板。模板共有七种类型，即新业务分析器、特服业务分析器、CENTREX 分析器、专网号码分析器、本地网号码分析器、国内长途业务分析器和国际长途业务分析器。开局时，只要创建相应的号码分析器，系统就会自动地将模板中相应类型的被分析号码数据加入。

如果用户想去除对某一分析器所做的所有操作，可以重新载入相应的分析器。

单击图 6.23"分析器入口"界面中的"模板属性"按钮，界面如图 6.26 所示。

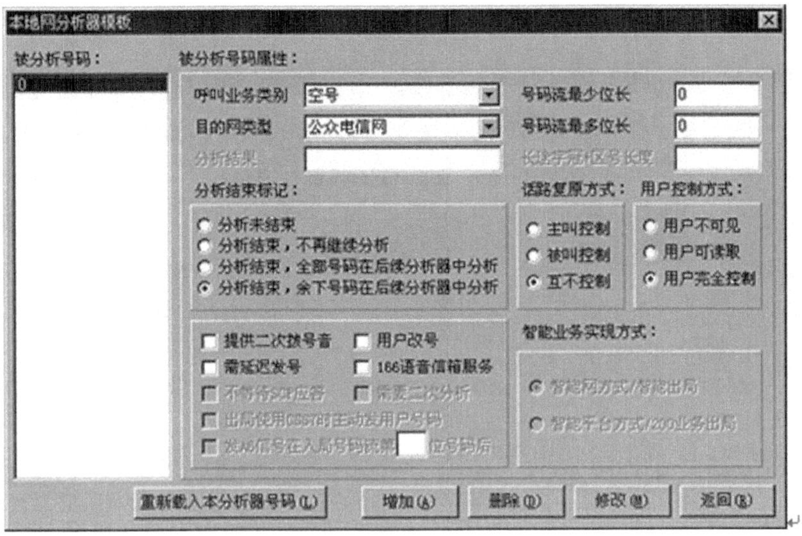

图 6.26 模板属性界面

单击 "增加" "删除" 或 "修改" 按钮可以增加、删除或修改模板中被分析号码。具体操作可参见增加、删除或修改被分析号码。

单击 "重新载入本分析器号码" 按钮并确认后，即可重新载入号码分析器。

6.4.10 装入模板文件

单击图 6.23 "分析器入口" 界面中的 "装入模板" 按钮，并选择模板文件名，即可将指定模板作为当前缺省模板装入。

6.4.11 存储模板文件

单击 "存储模板" 按钮，并指定存储文件名，即可以文件形式将当前模板保存为自定义模板。

6.5 用户线改号

在某些特殊情况下，对于已经放号的用户线，可能需要改变其用户号码。为了满足这一要求，ZXJ10（V10.0）提供了 "用户线改号" 功能。注意它与 "用户号改线" 的区别和联系。

在后台维护系统的 "数据管理" 菜单的 "基本数据管理" 子菜单中执行 "号码管理" 菜单项的 "用户线改号" 命令。界面如图 6.27 所示，共有两个界面。

更改用户号码：维护用户号码。

清除改号通知标志：维护改号通知标志。

图 6.27　用户线改号

6.6　更改用户号码

打开"更改用户号码"选项卡（缺省）。

选择局号、百号组和用户类型（如有必要，还可指定过滤条件）后，所有符合条件的已使用和暂未使用的用户号码将列表显示。

在左边一栏中选定要改号的用户号码，再在右边一栏中选定新用户号码，单击"更改"按钮并确认即可。系统在完成这一操作后将弹出如图 6.28 所示的提示框。

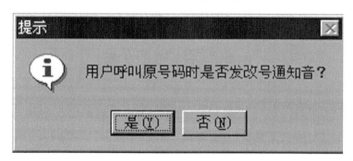

图 6.28　提示框

如果选择"是"，以后呼叫原号码的用户将听到改号通知音；如果选择"否"则将听到空号音。

6.7　清除改号通知标志

打开"清除改号通知标志"选项卡，界面如图 6.29 所示。

选定某改号通知记录，单击"清除"按钮并确认后，即可清除此改号通知标志。以后呼叫原号码的用户将不再听到改号通知音。

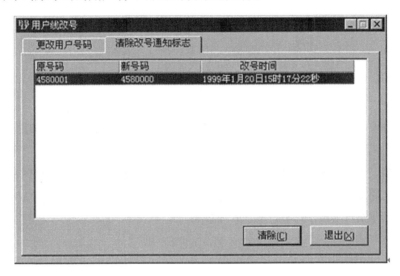

图 6.29　清除改号通知标志

6.8　本章小结

本章对交换局的建立和设置进行了介绍。

第7章　中继数据

7.1　中继数据介绍

在 ZXJ10（V10.0）交换机中，一个目的码出局的所有路径由出局路由链标识。其中每个出局路由链包括四个路由组。每个路由组由多个路由组成，每个路由对应一个中继组，同一个路由组的各个路由/中继组之间的话务实行负荷分担。

中继电路组简称中继组，是 ZXJ10（V10.0）交换机的一个交换模块和邻接交换局之间的具有相同电路属性（信道传输特性，局间对电路选择等）约定的一组电路的集合。

一个中继组限制在一个交换模块内。一个交换模块内的中继组统一编号，数量可以达到 255 个。不同交换模块的中继组编号彼此独立。这样做的目的是便于中继组的管理，同时由于有路由数据配合使用，又保证了中继电路管理的灵活性，统一了路由中中继电路的负荷分担。

路由链、路由组、路由、中继组的关系如图 7.1 所示。

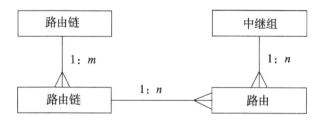

图 7.1　路由链、路由组、路由、中继组的关系示意图

ZXJ10（V10.0）交换机的中继管理功能包括：

（1）增加、删除、修改中继电路组；

（2）分配、释放中继电路；

（3）增加、删除、修改出局路由；

（4）增加、删除、修改出局路由组；

（5）增加、删除、修改出局路由链。

在后台维护系统的"数据管理"菜单的"基本数据管理"子菜单中执行"中继管理"命令，界面如图 7.2 所示。

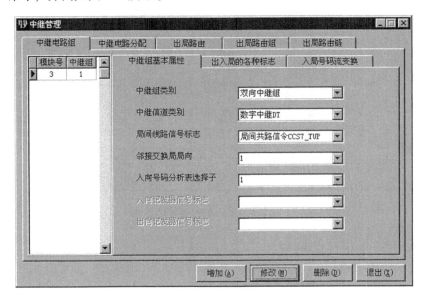

图 7.2　中继管理

打开"中继电路组"选项卡（缺省）。

7.2　中继组

中继组类别：分为入向、出向和双向三种中继组。

中继信道类别：分为数字、模拟等 12 种中继。

局间线路信号标志：分为共路 TUP、共路 ISUP、随路等 32 种局间信令。

邻接交换局局向：参见相关章节。

入向号码分析选择子：参见相关章节。

出（入）向记发器信号标志：分为多频互控 MFC、多频脉冲 MFP、双音多频 DTMF 和直流脉冲 DP 四种标志（仅适用于随路信令）。

出入局的各种标志：出入局的各种标志界面如图 7.3 所示。

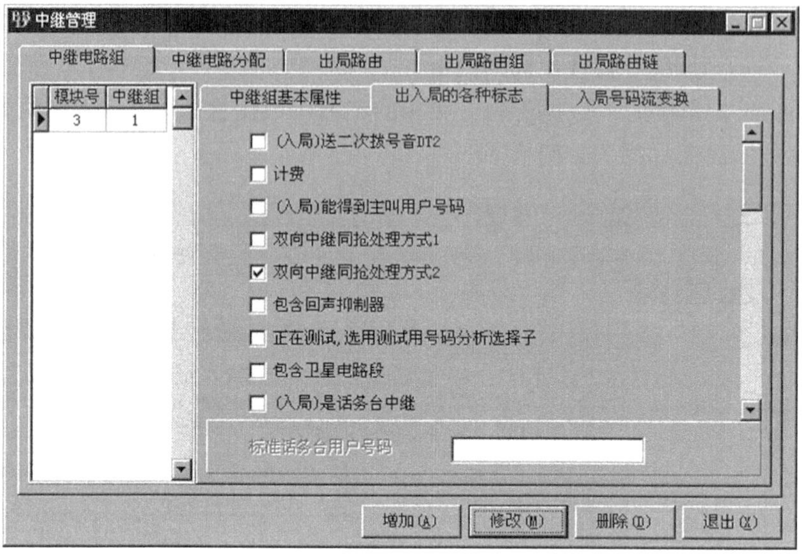

图 7.3　出入局的各种标志

出入局各种标志包括 34 种。

入局号码流变换

入局号码流变换界面如图 7.4 所示。

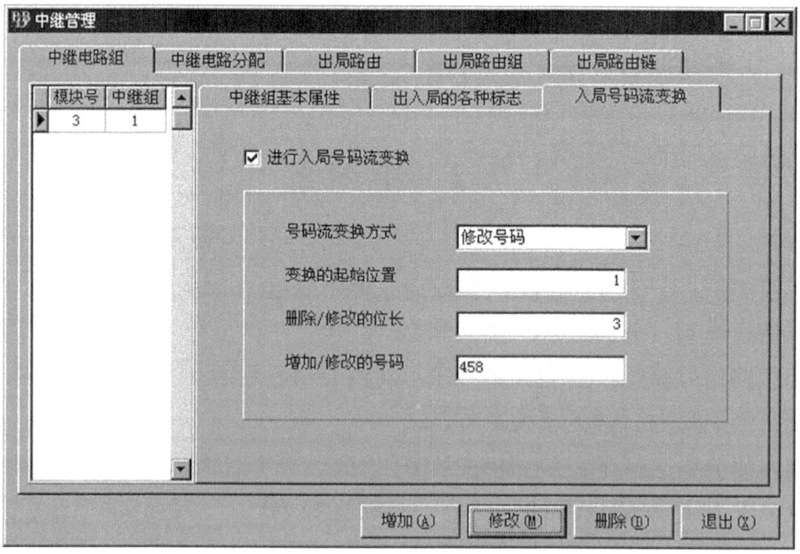

图 7.4　入局号码流变换

"号码流变换"是对一个给定的号码流进行变换。主要应用在两个方面：一是入局后为了便于处理，先对号码流进行号码变换再进行号码分析，称为入局号码流变换；二是号码流在选定出局中继组后，为了和对端交换局配合而进行必要的号码流变换，称为出局号码流变换（属于路由属性，以后涉及时不再专门说明）。

号码流变换方式：包括增加、删除、修改号码三种方式。

增加/修改的号码：最多五位号码。

7.2.1　增加中继电路组

单击"增加"按钮，弹出的对话框如图 7.5 所示。

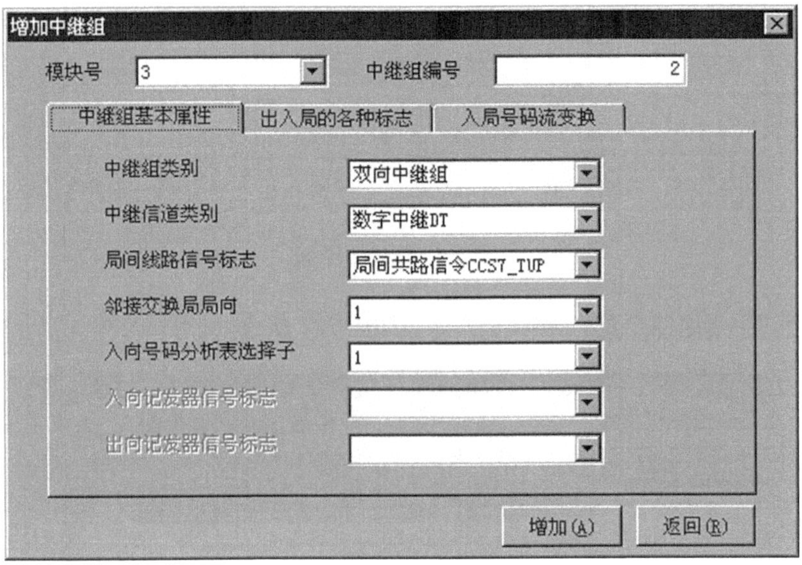

图 7.5　增加中继电路组

选中模块号后，系统会按顺序自动分配中继组编号。然后再选择/输入中继组基本属性、出入局的各种标志和相应的入局号码流变换。此操作可重复进行。

确定无误后，单击"增加"按钮确认，直接单击"返回"按钮则放弃。

7.2.2　修改中继电路组

选中中继组后，单击"修改"按钮，其后操作与增加中继组类似。

7.2.3　删除中继电路组

单击"删除"按钮，弹出对话框如图 7.6 所示。

选中所要删除的中继组后（按"shift + ↑或↓"键或"ctrl + 鼠标左或右键"可一次选择多个），单击"删除"按钮并确认后即可完成。

图 7.6　删除中继框

打开"中继电路分配"选项卡，界面如图 7.7 所示。

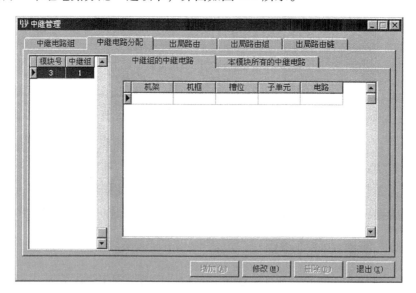

图 7.7　中继电路分配

定义中继组后，便可以对该中继组分配中继电路。如果该中继组中已有中继电路，将显示在"中继组的中继电路"界面中。

"本模块所有中继电路"页面显示本模块中全部分配和未分配的中继电路。其中"所属中继组"属性为 0 表示此电路尚未分配，其余数字表示此电路所属的中继组号。如图 7.8 所示。

图 7.8　"本模块所有中继电路"界面

7.2.4　修改中继组配置

单击"修改"按钮，弹出对话框如图 7.9 所示。

选中中继组号，"中继组内已有的中继电路"中显示该中继组内已有的电路（刚刚创建的中继组为空），而"尚未分配的中继电路"中则显示目前可以分配给该中继组的电路。"模块内所有中继电路"含义同前所述。

在"尚未分配的中继电路"中选定电路（按"shift + ↑或↓"键或"ctrl + 鼠标左或右键"可一次选择多个）后，单击"分配"按钮即可将电路分配给该中继组。

在"中继组内已有的中继电路"中选定电路后，单击"释放"按钮并确认后即可从该中继组中删除电路。如图 7.10 所示。

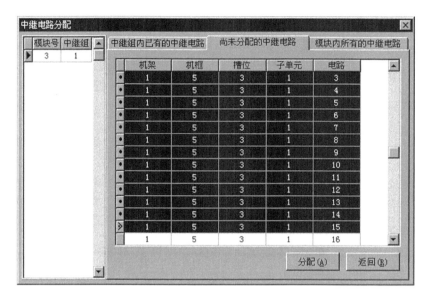

图7.9 修改

图7.10 删除

7.3 出局路由

打开"出局路由"选项卡，界面如图7.11所示。

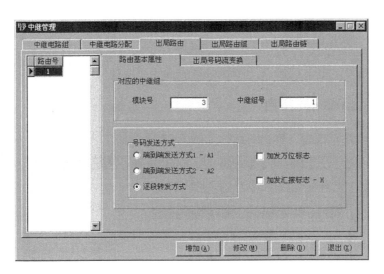

图 7.11　"出局路由"界面

选中路由号，在界面上即可直接观察其有关属性（如对应中继组、号码发送方式等）。

7.3.1　增加出局路由

单击"增加"按钮，弹出对话框如图 7.12 所示。

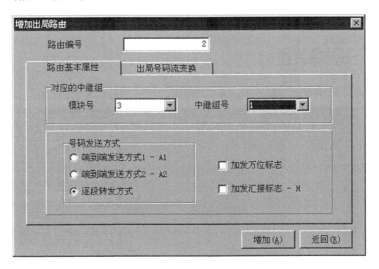

图 7.12　增加出局路由

路由编号由系统自动给出。在选择/输入了路由基本属性和出局号码流变换之后，单击"增加"按钮即可完成。此操作可重复进行。

7.3.2 修改出局路由

选中路由号，单击"修改"按钮，其后操作与增加出局路由类似。

7.3.3 删除出局路由

单击"删除"按钮，弹出对话框如图 7.13 所示。

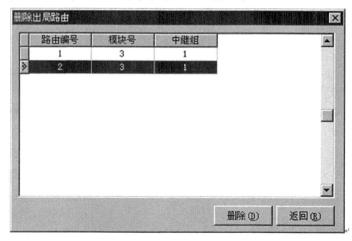

图 7.13 删除

选定待删除的路由号（按"shift + ↑或↓"键或"ctrl + 鼠标左或右键"可一次选择多个）后，单击"删除"按钮并确认后即可删除。

7.3.4 出局路由组

打开"出局路由组"选项卡，界面如图 7.14 所示。

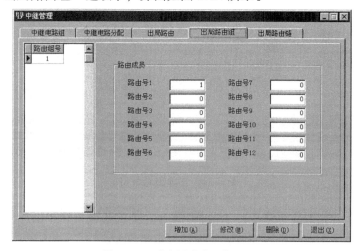

图 7.14 "出局路由组"页面

　　一个路由组由至少 1 个、最多 12 个同级路由组成。路由之间存在先后次序，并且路由号可以重复以便均衡话务。

【操作】

7.3.5 增加出局路由组

单击"增加"按钮，弹出对话框如图 7.15 所示。

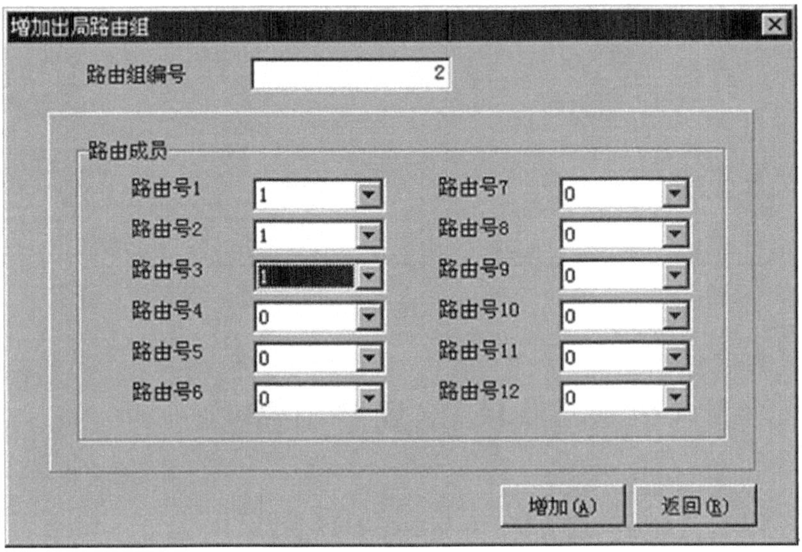

图 7.15 增加

　　路由组编号由系统自动给出，依次选择该组的路由成员后，单击"增加"按钮即可完成。此操作可重复进行。

7.3.6 修改出局路由组

选中路由组编号，单击"修改"按钮，其后操作与增加出局路由组类似。

7.3.7 删除出局路由组

在图 7.13 中单击"删除"按钮，弹出对话框如图 7.16 所示。

选中待删除的路由组（按"shift + ↑或↓"键或"ctrl + 鼠标左或右键"可一次选择多个），单击"删除"按钮并确认后即可。

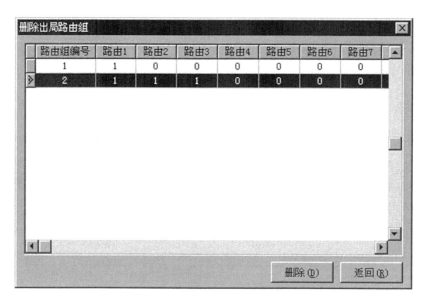

图 7.16　删除

7.4　出局路由链

打开"出局路由链"选项卡，界面如图 7.17 所示。

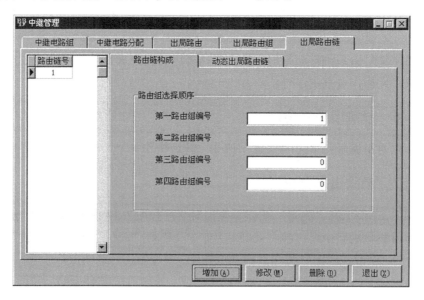

图 7.17　出局路由链

一个出局路由链由至少一个、最多四个出局路由组组成。路由组之间存在先后次序，且路由组编号可以重复。

动态出局路由链是随时间变化的路由链。ZXJ10（V10.0）交换机支持以星期为周期、每天以最多三个时间变化区间变化的动态路由选择方式。在时间的表示中，小时和分钟用自然数表示，小时数表示范围为 0—23，分钟数表示范围为 0—59。即：

［00：00，time1）——当天 time1 到 time2 为第一区间，选择一变更路由链号

［time1，time2）——当天 time2 到 23：59 为第二区间，选择一变更路由链号

［time2，23：59）——当天零点到 time1 为第三区间，选择一变更路由链号

其中：time1 为当天的第一个时间，time2 为当天的第二个时间，且 timer1＜timer2。

7.4.1　增加出局路由链

单击"增加"按钮，弹出对话框如图 7.18 所示。

路由链编号由系统自动给出。依次选定路由组编号后，单击"增加"按钮即可。

7.4.2　修改出局路由链

选择路由链编号后，单击"修改"按钮。其后操作与增加出局路由链类似。

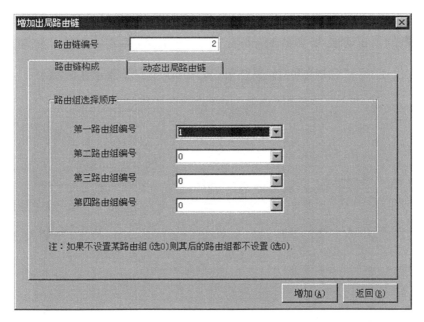

图 7.18　增加出局路由链

7.4.3 删除出局路由链

在图7.14所示窗口中单击"删除"按钮，弹出对话框如图7.19所示。

选中待删除的路由链（按"shift+↑或↓"键或"ctrl+鼠标左或右键"可一次选择多个），单击"删除"按钮并确认后即可。

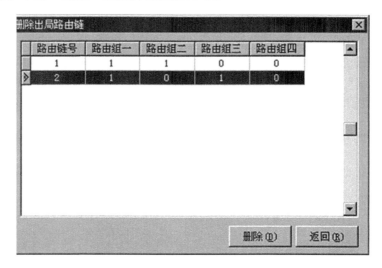

图7.19　删除出局路由链

配置动态出局路由链时，应根据需要决定是否选中"动态路由链"和"时间变化激活标志"，再选择/输入相应的时间区间和变更路由链号。如图7.20所示。

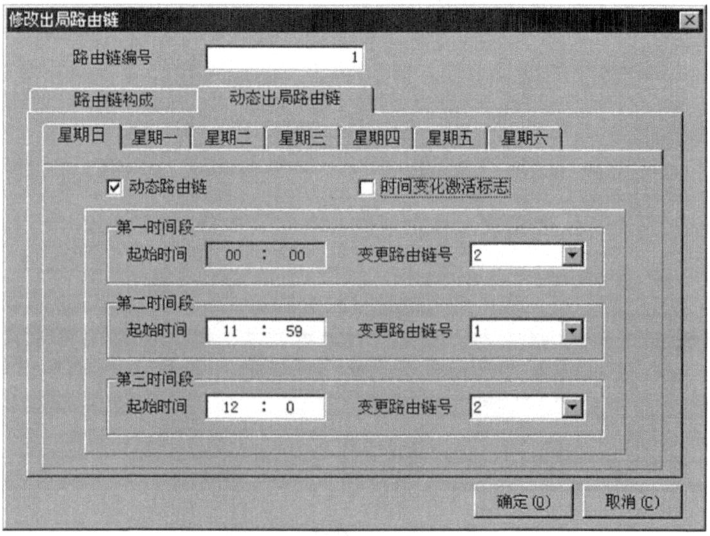

图7.20　配置动态出局路由链

7.5　本章小结

本章对中继线路和建立和设置进行了介绍和描述。

第8章 七号数据管理

8.1 信令点配置

8.1.1 本信令点配置

菜单：数据管理—基本数据配置—交换局配置—本交换局—信令点配置数据。

信令点配置数据界面上选择单击"设置"按钮，弹出"设置本交换局信令点配置数据"界面，该界面如图 8.1 所示：

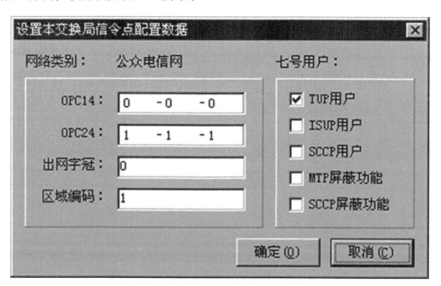

图 8.1 本信令点配置

各选项设置：

OPC14：填入 14 位信令点编码。

OPC24：填入 24 位信令点编码。

类别	SPC		
	主信令区编码	分信令区编码	信令点编码
OPC14	3	8	3
OPC24	8	8	8

出网字冠：本交换局出本网的区域编码，至多两位。

区域编码：本交换局对应网的区域编码，至多四位。

七号用户：通过选择来确定七号用户的类别。

8.1.2 邻接信令点配置

邻接交换局是指和本交换局之间有直达话路连接或者有直达信令链路连接的交换局。

菜单：数据管理—基本数据配置—交换局配置—邻接交换局。界面如图8.2。

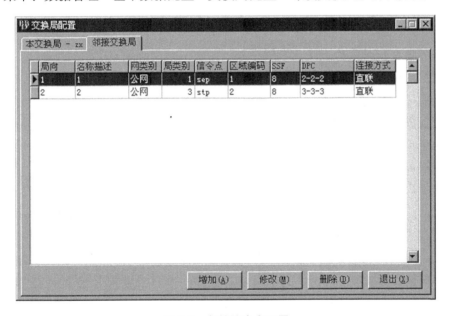

图8.2 邻接信令点配置

1. 增加邻接交换局

该页面上选择单击"增加"按钮，弹出"增加邻接交换局"界面。

图 8.3 增加邻接交换局

该界面有如下几项：

交换局局向：该局向序号，在其他地方将通过该序号识别该局向。

交换局名称：标记用，根据需要设置。

子业务字段 SSF：使用 14 位或 24 位信令点编码的标记。

信令点编码 DPC：该局向对端局的信令点编码。

交换局网络类别：对端局所在网络类别，一般为公众电信网。

交换局编号、长途区域编码、长途区内序号：出于电信网络管理需要，每一交换局都分配一个全国统一的交换局编号，长途交换局号码由字冠"0"与后续长途区号组成。在同一长途编号区内设多个长途交换局时，长途局号由字冠"0" + "后续长途区号/长途交换局序号"组成，即 $0XX/Y_1$。XX 为长途区号，Y_1 为同一长途编号区内长途交换局序号，$Y_1 = 0，1，…，9$。国际交换局号码由字冠"00"与后续国际局所在城市的长途区号组成。同一长途编号区内设置多个国际交换局时，国际局由字冠"00" + "后续长途区号/国际交换局序号"组成，即 $00XX/Y_2$。Y_2 为同一长途编号区内国际交换局序号，$Y_2 = 0，1，…，9$。本地局号码第一位为"2—9"，可以有一位、二位、三位、四位四种。送到全国和省网络管理中心的本地局号码由"0 + 长途区号 + 本地局号"组成。在同一长途编号区内设置多个长途交换局时，在长途区号后面不加"/Y_1"。当一个大容量交换局包括几个局号时，只采用一个局号。长途区内序号，即 Y_1 或 Y_2，一般取 1 或 2。

交换局类别：对端局所处级别，如市话局、国内长话局等。

信令点类型：对端局信令点类型，如 SP、STP 等。

连接方式：与对端局信令连接方式，如直联、准直联。

有关的子系统：根据实际情况选择需要的子系统。根据和本交换局是否在一个长途区域内确定是否选择。设置好后单击“确定”按钮完成输入。

2. 修改邻接交换局

在“邻接交换局”界面上选中需修改的交换局，单击“修改”按钮，弹出修改页面，设置方法与增加邻接交换局基本相同。

3. 删除邻接交换局

在“邻接交换局”界面上单击“删除”按钮，弹出“删除邻接交换局”界面。

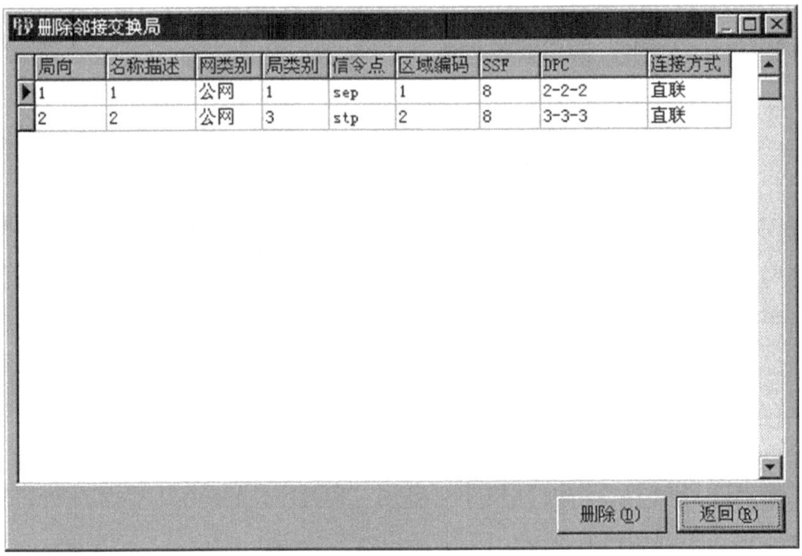
删除邻接交换局
局向 | 名称描述 | 网类别 | 局类别 | 信令点 | 区域编码 | SSF | DPC | 连接方式
1 | 1 | 公网 | 1 | sep | 1 | 8 | 2-2-2 | 直联
2 | 2 | 公网 | 3 | stp | 2 | 8 | 3-3-3 | 直联
删除(D)
返回(R)

图 8.4　删除邻接信令点配置

选中需删除的项，单击“删除”按钮即可。

8.2　中继群配置

这里只介绍中继群相关七号数据管理的最一般设置，若需了解详细情况，可参见该部分的专门介绍。

8.2.1　中继电路组

菜单：数据管理—基本数据配置—中继管理—中继电路组。

中继电路组配置界面上选择单击"增加"按钮，弹出"增加中继组"页面，做如下设置：

模块号：该群所属模块。

中继组编号：自动分配。

基本属性包括：

中继组类别—— 一般为双向中继。

中继信道类别—— 数字中继 DT。

线路信号标志—— CCS7_TUP 或 CCS7_ISUP，据需要确定。

邻接交换局局向——为"邻接信令点配置"中所填局向。

入局号码分析表选择子——该群入局呼叫时的号码分析子。

名称描述：标记用，据需要设置。

8.2.1　中继电路分配

菜单：数据管理—基本数据配置—中继管理—中继电路分配。

该界面上选择单击"修改"按钮，弹出"中继电路分配"界面，选择可供分配的中继电路界面，单击选中需分配电路的中继组，选中需分配给该中继组的中继电路，然后单击"分配"按钮。

8.2.2　出局路由

菜单：数据管理—基本数据配置—中继管理—出局路由。

该界面上选择单击"增加"按钮，弹出"增加出局路由"界面，做如下设置。

模块号：该中继组所在模块。

中继组号：1.2.1 中所设的中继组号。

8.2.3　出局路由组

菜单：数据管理—基本数据配置—中继管理—出局路由组。

该界面上单击"增加"按钮，弹出"增加出局路由组"界面，做如下设置：

路由号一：1.2.3 中所设的出局路由。

8.2.4　出局路由链

菜单：数据管理—基本数据配置—中继管理—出局路由链；

该界面上单击"增加"按钮，弹出"增加出局路由链"界面，做如下设置：

路由组一：1.2.4 中所设的出局路由组。

8.3　MTP 数据配置

8.3.1　信令链路组

菜单：数据管理—七号数据管理—共路 MTP 数据—信令链路组。

界面如图 8.5：

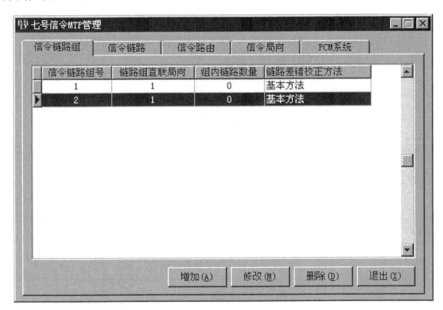

图 8.5　建立信令链路组配置

1. 增加信令链路组

该页面上单击"增加"按钮，弹出"增加信令链路组"界面。如图 8.6。

做如下设置：

直联局向——"邻接信令点设置"中所设的局向，这里指的是直联局向，一般情况下与所管理中继局向相同，但若话路直达而信令由 STP 迁回时，则两者不一致。

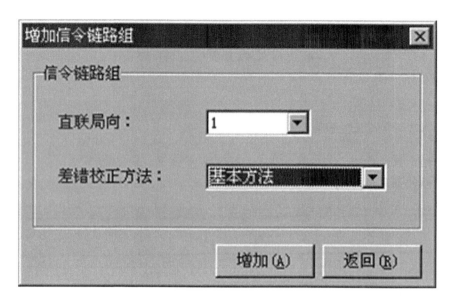

图 8.6　增加信令链路组配置

差错校正方法——根据局方要求和链路传输时延选取，在绝大多数情况下选"基本方法"。如下表所示。

差错校正方法

取值	解释
1	基本误差校正法，传输时延 < = 15ms
2	PCR 预防循环重发校正法，传输时延 > = 15ms

设置正确后单击"增加"按钮即可完成，直接单击"返回"按钮则放弃操作。

2. 修改信令链路组

在"信令链路组"界面选中欲修改的信令链路组，单击"修改"按钮，其后操作与增加信令链路组类似。链路组号是系统自动分配的，不能修改。

3. 删除信令链路组

在"七号信令 MTP 管理"界面单击"删除"按钮，弹出对话框如下：

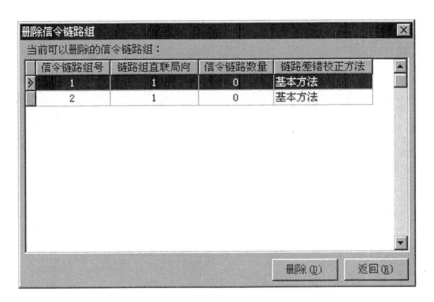

图 8.7 删除信令链路组配置

选中欲删除的链路组，单击"删除"按钮即可，直接单击"返回"按钮则放弃操作。

8.3.2 信令链路

菜单：数据管理—七号数据管理—共路 MTP 数据—信令链路。

界面如图 8.8。

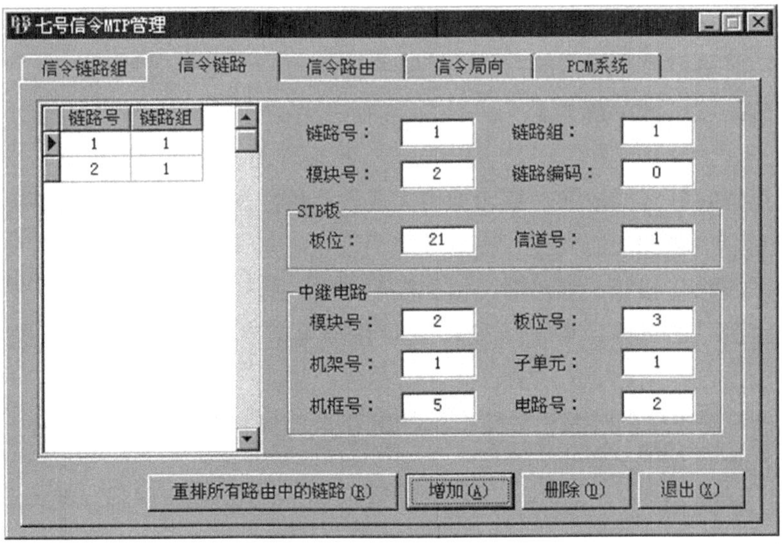

图 8.8 建立信令链路组配置

1. 增加信令链路

在该页面上单击"增加"按钮，弹出"增加信令链路"界面。

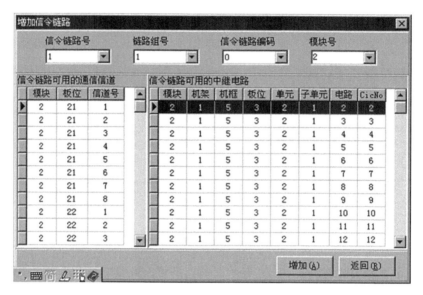

图8.9　增加信令链路配置

做如下设置：

信令链路号——局内部标识，可据需要随意设置。

链路组号——该链路所属的链路组，在8.3.1中设置。

信令链路编码——与对方局保持一致。

模块号——该链路所在模块。

信令链路可用的通信信道——该链路所占用的STB板信道号。

信令链路可用的中继电路——该链路所占用的中继板电路号，与对方局一一对应。

设置正确后单击"增加"按钮即可完成，直接单击"返回"按钮则放弃操作。

2. 删除信令链路

单击"删除"按钮，弹出对话框如图8.10所示。

选中欲删除的链路，单击"删除"按钮即可，直接单击"返回"按钮则放弃操作。

重排所有路由中的链路：对路由中的链路进行优化排序，一般情况下加完链路后程序会自动要求对之排序。

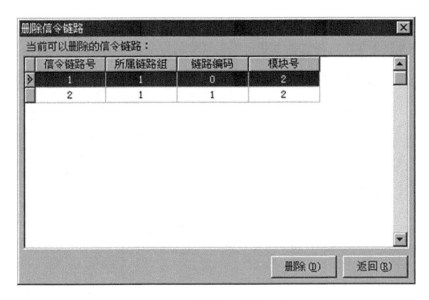

图 8.10　删除信令链路配置

8.3.3　信令路由

菜单：数据管理—七号数据管理—共路 MTP 数据—信令路由。

界面如下：

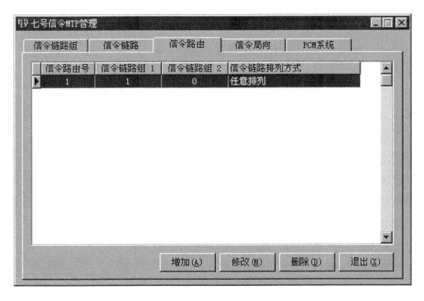

图 8.11　建立信令路由配置

1. 增加信令路由

在该页面上单击"增加"按钮，弹出"增加信令路由"界面。

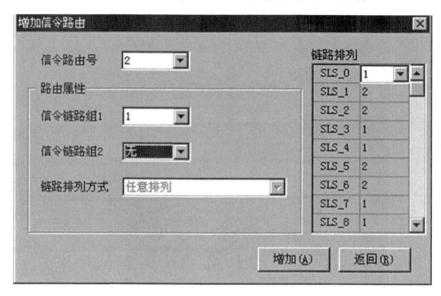

图 8.12　增加信令路由配置

做如下设置：

信令路由号——局内部标识，可根据需要随意设置。

路由属性——若该局向有多组链路，则在信令链路组 1、组 2 中分别填入，并选择排列方式；否则只在组 1 中填入链路组号。同一路由里所有链路组中所有信令链路以任务分担方式工作。

设置正确后单击"增加"按钮即可完成，直接单击"返回"按钮则放弃操作。

修改信令路由：在"信令路由"界面中选中欲修改的信令路由，单击"修改"按钮，其后操作与增加信令路由类似。信令路由号不能修改。

2. 删除信令路由

在"在七号信令 MTP 管理"界面单击"删除"按钮，弹出如下界面。

选中欲删除的路由，单击"删除"按钮即可，直接单击"返回"按钮则放弃操作。

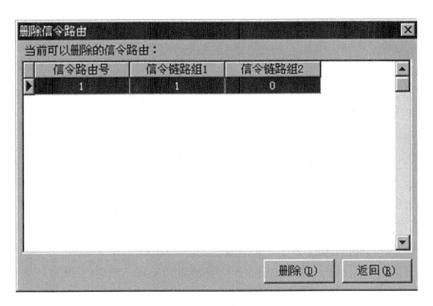

图 8.13　删除信令路由配置

8.3.4　信令局向

菜单：数据管理—七号数据管理—共路 MTP 数据—信令局向。

界面如下：

图 8.14　增加信令局向配置

1. 增加信令局向

在该页面上单击"增加"按钮，弹出"增加信令局向"界面如下：

作如下设置：

信令局向——这里的局向一般情况下与 8.3.1 中局向一致；若存在 STB 的情况下，应与话路中继局向一致。

信令局向路由：填入正常路由，若有迂回路由，一并填入。对某一个目的信令点，有四级路由可供选择，即正常路由、第一迂回路由、第二迂回路由、第三迂回路由，是三级备用的工作方式，即正常路由不可达后，选第一迂回路由，正常路由、第一迂回路由均不可达后，选第二迂回路由，依此类推。设置正确后单击"增加"按钮即可完成，直接单击"返回"按钮则放弃操作。

2. 修改信令局向

在"信令局向"界面选中欲修改的信令局向，单击"修改"按钮，其后操作与增加信令局向类似。信令局向号不能修改。

3. 删除信令局向

在"信令局向"界面单击"删除"按钮，弹出如下界面。

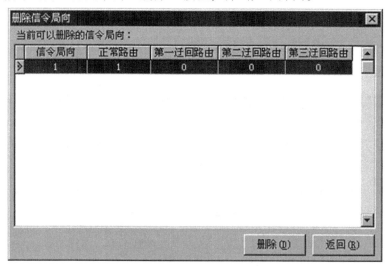

图 8.15　删除信令局向配置

选中欲删除的信令局向，单击"删除"按钮即可，直接单击"返回"按钮则放弃操作。

8.3.5　PCM 系统

菜单：数据管理—七号数据管理—共路 MTP 数据—PCM 系统界面如下：

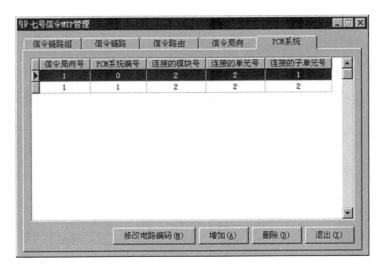

图 8.16 建立 PCM 系统配置

1. 增加 PCM 系统

在该页面上单击"增加"按钮，弹出"增加 PCM 系统"界面：

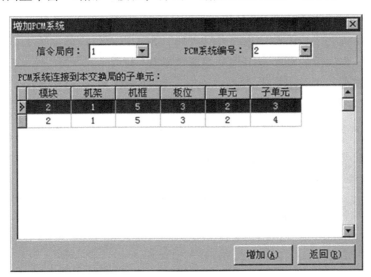

图 8.17 增加 PCM 系统配置

页面如图 8.17 所示。

做如下设置：

信令局向——8.3.4 中的局向。

PCM 系统编号：电路识别码（CIC）高七位，使得对应电路的 CIC 编码与对方局一致。

PCM 系统连接到本交换局的子单元：对应的 2M 系统。

设置正确后单击"增加"按钮即可完成，直接单击"返回"按钮则放弃操作。

2. 修改电路编码

在"PCM 系统"界面单击"修改电路编码"按钮，弹出如下界面。

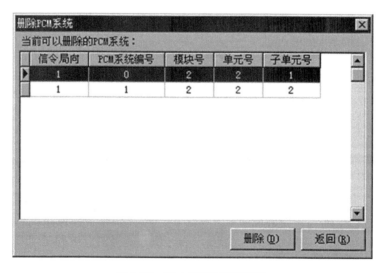

图 8.18　修改 PCM 系统配置

如果有特殊要求，需改变电路 CIC 编码，则可以通过该界面手工输入改变 PCM 系统中第 1—31 时隙的低 5 位编码（编码范围 0—31）。

单击"确定"按钮修改，单击"取消"按钮返回。

3. 删除 PCM 系统

在"删除 PCM 系统"界面单击"删除"按钮，弹出如下界面。

信令局向	PCM系统编号	模块号	单元号	子单元号
1	0	2	2	1
1	1	2	2	2

图 8.19　建立 PCM 系统配置

选中欲删除的 PCM 系统，单击"删除"按钮即可，直接单击"返回"按钮则放弃操作。

8.3.6　创建、删除操作的注意事项

创建顺序：信令链路组—信令链路—信令路由—信令局向—PCM 系统。
删除顺序：PCM 系统—信令局向—信令路由—信令链路—信令链路组。

8.3.7　与 STP 对接的说明

一般情况下，话路直达 SP，链路由 STP 迂回。其直达 STP 的中继只提供信令消息的通道，而不提供话路，因而至 STP 的中继不需做中继群的配置。设置如下：
邻接局设置——设置两局向，分别对应 STP 和 SP。
中继设置——对至 SP 直达话路进行中继群配置，其局向为 SP。
链路组设置——对应局向为 STP。
信令局向设置——对应 SP 局向。
PCM 设置——对至 SP 直达话路进行 CIC 设置。

8.4　七号动态数据管理

8.4.1　电路（群）管理

执行 TUP/ISUP 电路（群）的维护功能，包括闭塞/解闭、复原、查询和导通检验等。其中闭塞/解闭对于电路群来说还有面向维护和硬件故障之分，查询仅对 ISUP 有效，不为 TUP 所支持。

菜单：数据管理—动态数据管理—动态数据管理—NO.7 管理接口—电路（群）管理，按照界面提示输入参数后，单击相应的按钮，即可显示操作结果。

界面如图 8.20：

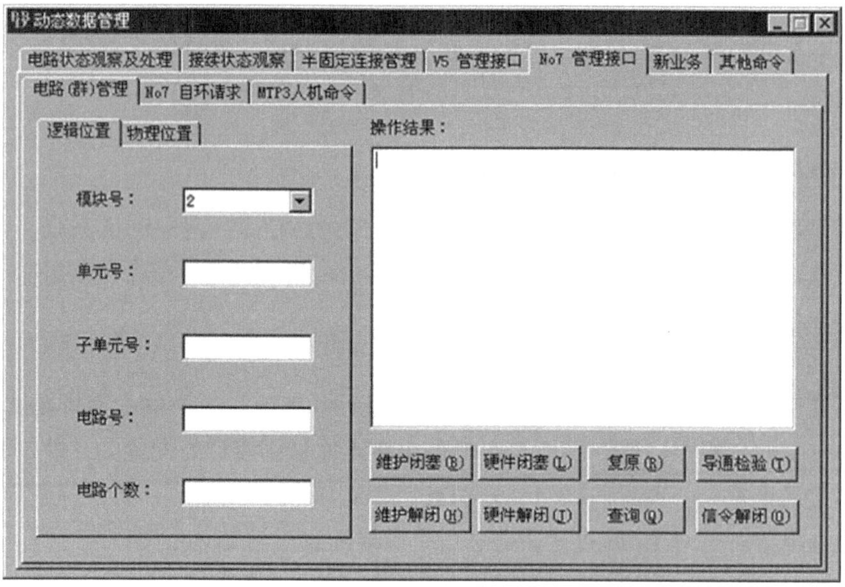

图 8.20　建立电路群系统配置

输入窗口

模块号——电路所在模块，由下拉框选择。

单元号——电路所在单板的单元号，由物理配置中单元配置确定。

子单元号——所属单板的字单元，一般 V4.×侧 1、2，V10.0 侧 1—4。

电路号——起始电路号，1—31。

电路个数——操作电路的个数。

对于闭塞/解闭，"电路个数"为 1 是电路维护（此时维护和硬件等效），相当于链路上发送 BLO/UBA。大于 1 是电路群维护，相当于链路上发送 MGB/MGU（TUP 面向维护）、HGB/HGU（TUP 面向硬件）、CGB/CGU（ISUP，通过消息字段来确定是面向硬件或维护）。这里的闭塞都是入向闭塞。

对于导通检验，"电路个数"忽略不计，相当于对该电路发送 CCR。

如果所选中的电路为 TUP 电路，单击"查询"按钮将不起作用。系统弹出出错对话框。

复原：发送复原消息 GRS。

信令解闭：对信令闭塞的电路进行解闭（复原无效超时产生信令闭塞）。

对于电路（群）管理还有通过物理位置操作的方式，界面如下：

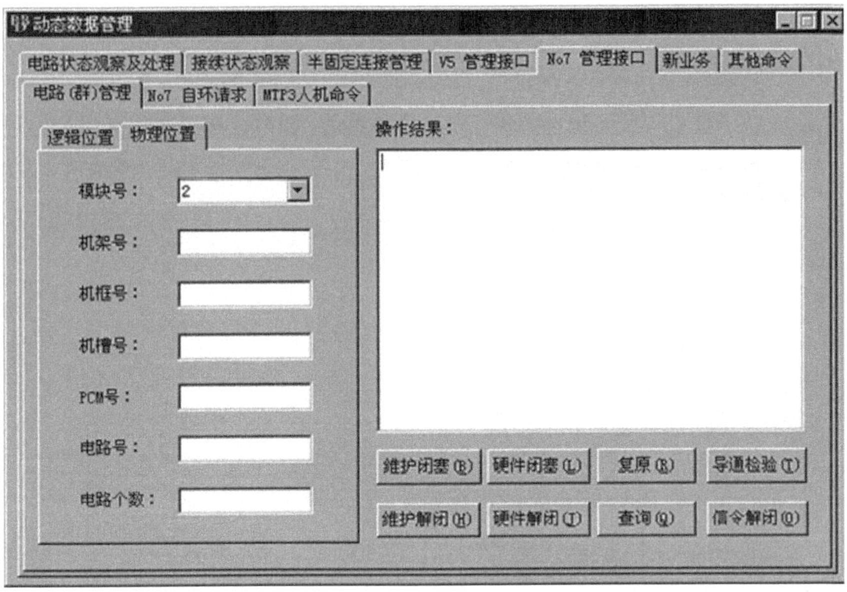

图 8.21　物理位置操作管理电路群配置

输入窗口：

模块号——电路所在模块，由下拉框选择。

机架号——电路所在机架。

机框号——电路所在机框。

机槽号——电路所在槽位。

PCM 号——所属单板的字单元，一般 V4.×侧 1、2，V10.0 侧 1—4。

电路号——起始电路号，1—31。

电路个数——操作电路的个数。

其他操作方式同上。

8.4.2　No.7 自环请求

为方便调试和测试，观察局间信令的收发过程而提供的一个工具。第三级（MTP3 按链路）和第四级（TUP/ISUP 按中继线）可以分别自环/解除自环。

　注意

在自环、解自环后需传送数据。

打开"No.7 自环请求"选项卡，将 26 模块单元 7 子单元 1 和 26 模块单元 7 子单元 2 中继对接。

图 8.22　自环请求配置

对于第三级自环，选择需要自环或解除自环的链路号，单击"请求自环"按钮即可自环，单击"请求解除自环"按钮即可解除自环，单击"查询自环"按钮，系统将显示当前各链路是否自环。

对于第四级自环，选择需要自环或解除自环的 PCM 线，单击"请求自环"按钮即可自环，单击"请求解除自环"按钮即可解除自环。

8.4.3　MTP3 人机命令

执行 MTP 链路、链路组和路由组的维护命令，包括激活/去活、阻断/解阻断和查看（链路、链路组和路由组）状态等。

选中"MTP3 人机命令"界面。

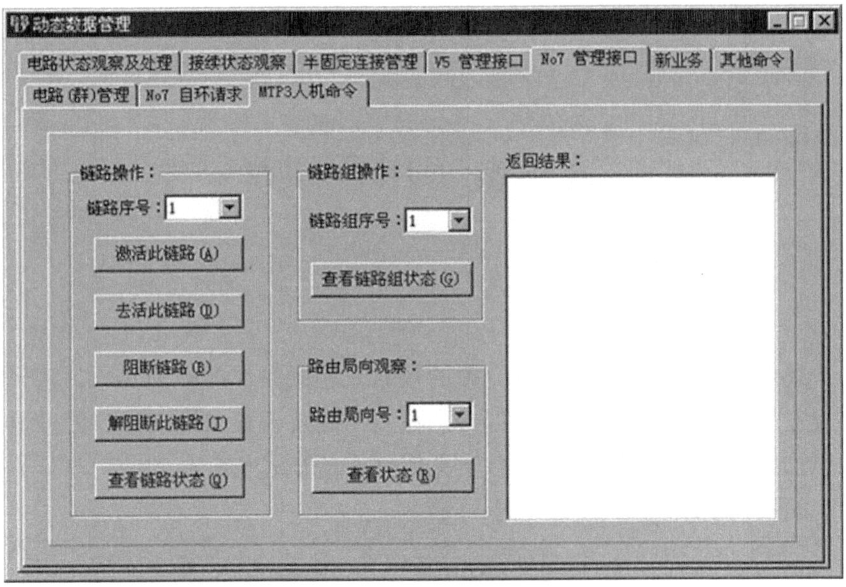

图 8.23 MTP 人机命令配置

首先选定链路序号、链路组序号或路由组序号，单击相应按钮，系统将显示操作结果。

激活此链路：激活选定的链路。

去活此链路：去活选定的链路。

阻断链路：阻断选定的链路，这是第三层的信令网管理消息，发送 LIN。

解除阻断此链路：解除阻断选定的链路，这是第三层的信令网管理消息，发送 LUN。

查看链路状态：查看选定链路的当前状态。

查看链路组状态：查看选定链路组的当前状态，包括组内所有链路的情况。

查看状态（路由）：查看选定局向的所有路由状态。

8.5 本章小结

本章对七号信令数据的实验内容进行了描述和介绍。

第9章 用户属性

用户属性主要涉及和用户本身有关的数据及相关属性的配置问题。它分为用户属性模板定义和用户属性定义两个部分。在用户确定模板类别之后，便可根据其实际要求添加用户属性。用户也可以自定义新模板添加用户属性。

用户属性管理结构大致如图 9.1 所示。

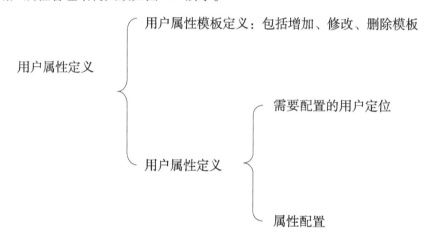

图 9.1 用户属性管理结构

设计用户属性模板可以方便用户进行操作，减少重复性的工作。这样，用户可以不必再经过烦琐的配置过程就完成配置任务。当使用号码管理功能生成新用户时，也会从缺省模板中取出相应值作为缺省值。若用户不想再增添新属性，就不必使用"用户属性"功能。

在后台维护系统的"数据管理"菜单的"基本数据管理"子菜单中执行"用户属性"命令，界面如图 9.2 所示，共分两个界面。

用户属性模板定义：维护（增加、修改、删除）用户属性模板。

用户属性定义：维护（增加、修改、删除）用户属性。

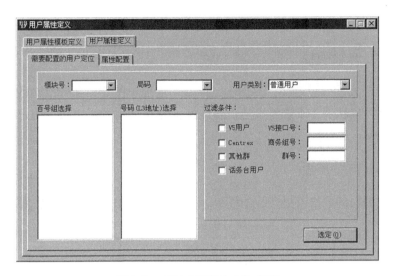

图 9.2　"用户属性定义"界面

9.1　用户属性模板定义

打开"用户属性模板定义"选项卡。界面如图 9.3 所示。

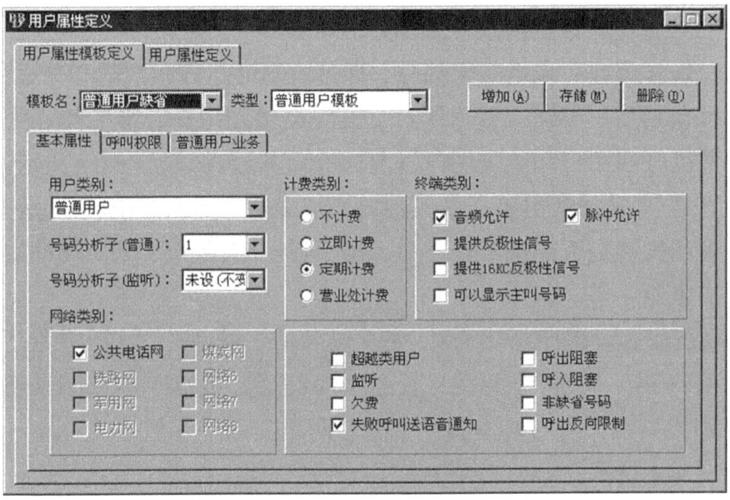

图 9.3　用户属性模板定义

ZXJ10（V10.0）交换机共提供了三种缺省用户属性模板，即普通用户缺省模板、ISDN 号码用户缺省模板和 ISDN 端口用户缺省模板。若不能完全满足需求，用户也可以增加模板或修改系统原有的模板。

【操作】

9.1.1 增加模板

在"用户属性模板定义"界面中,单击"增加"按钮,在弹出对话框中输入新模板的名字并确认后,系统将以当前属性模板为样板生成新模板。用户可以对其属性做相应调整。

9.1.2 存储模板

对于新增加的或修改过属性的模板,确认完成后单击"存储"按钮即可保存。

9.1.3 删除模板

选中欲删除的模板,单击"删除"按钮并确认后即可删除该模板。

 注意

缺省模板不允许改变类型,而且不能删除。

下面分别对三种缺省模板做一简单介绍。

普通用户缺省模板:包括三个部分,即基本属性、呼叫权限和普通用户业务。

基本属性包括用户类别(普通用户、第一类优先用户、第二类优先用户、测试呼叫用户、数据呼叫用户和传真用户以及标准话务台用户)、网络类别、计费类别、终端类别、普通/监听号码分析子及其他属性(是否为超越类用户、是否需要监听、是否欠费、呼叫失败是否播送语音通知、是否呼出/入阻塞、是否为非缺省号码以及呼出是否反向限制)等。

呼叫权限分为呼入权限和呼出权限,依次包括本局本模块、本局出模块、市话、农话、国内(大区内)长途、国内(大区间)长途、国际长途、收费特服和呼出商务组等。

其中"网络类别"应与基本属性中的"网络类别"一致。

界面如图9.4所示。

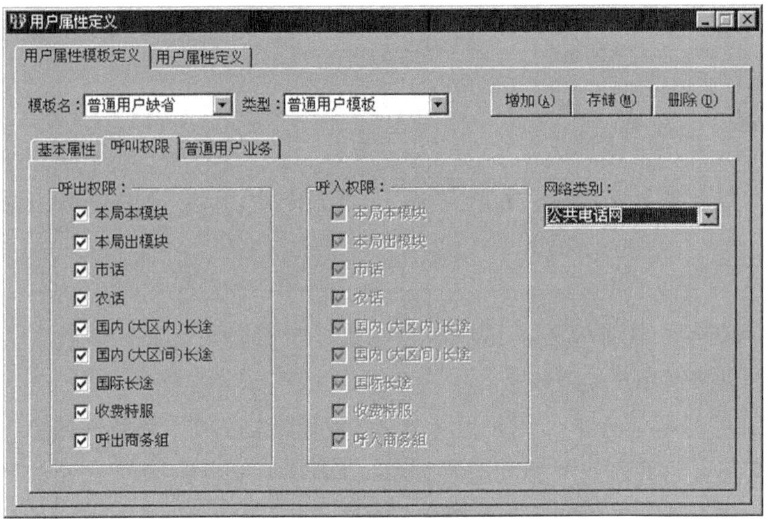

图 9.4 呼叫权限

普通用户业务：用户在此可以选择所申请的新业务种类（无条件转移、遇忙转移、无应答转移、遇忙寄存、遇忙回叫、缺席、呼出限制、闹钟、免打扰、查找恶意呼叫、三方通话、会议电话、呼叫等待、缩位拨号和主叫号码显示等）、主叫号码显示限制种类以及热线种类。

应该说明的是，只有选择了新业务种类中的"主叫号码显示"，才能选择其限制方式；否则限制方式无任何作用。

界面如图 9.5 所示。

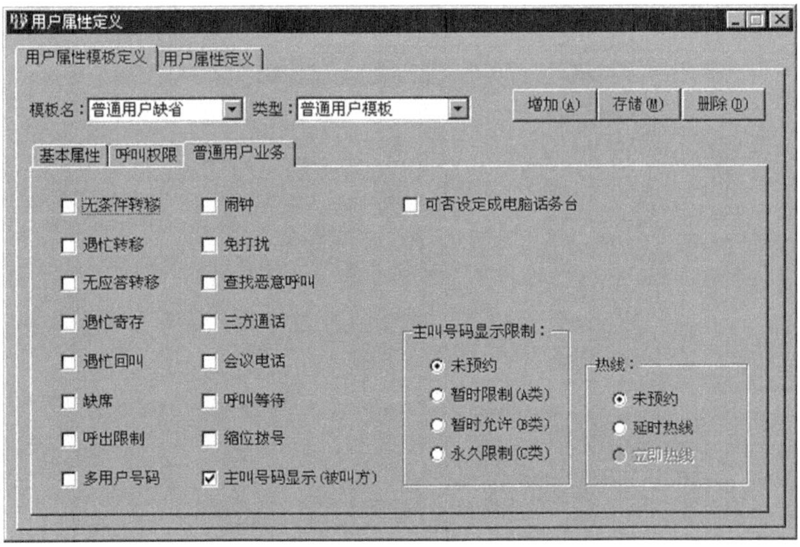

图 9.5 普通用户业务

注意

其中有些业务是互斥的，在此界面不加以限制，但互斥的业务不会同时生效（下同）。

ISDN 号码用户缺省模板：其基本属性和呼叫权限与普通用户缺省模板完全相同，可以参见普通用户缺省模板。

ISDN 用户号码业务中"附加业务"有三种预约指示：无条件转移（CFU）业务、遇忙转移（CFB）业务和无应答转移（CFNR）业务。只有在预约之后，系统才会显示相应页面。界面如图 9.6 所示。

CFU、CFB 和 CFNR 业务的操作界面完全相同，下面以 CFU 为例加以说明。界面如图 9.7 所示。

界面分为"基本业务"及"基本业务任选项"。后者的"业务类别"与前者选择的业务种类将保持一致。

 注意

只有选择了基本业务后，才可进行基本业务任选项中业务类型的选择。

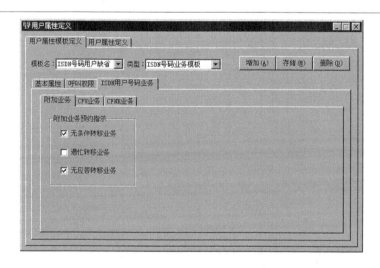

图 9.6 附加业务有三种预约指示

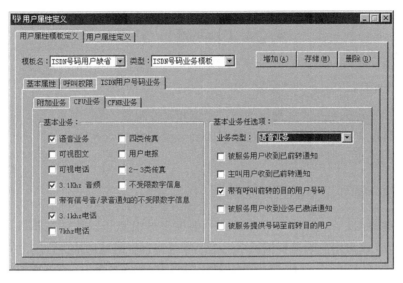

图 9.7 CFU 业务的操作界面

ISDN 端口用户缺省模板：只配置 ISDN 端口业务，即附加业务。

如同 ISDN 号码用户缺省模板一样，只有在选择了 CFU、CFB 或 CFNR 业务之后，系统才会显示相应界面。

应该说明的是，对于主叫线识别限制方式和被叫线识别限制方式，只有在选择了"主叫线识别提供"和"被叫线识别提供"后才有意义。

界面如图 9.8 所示。

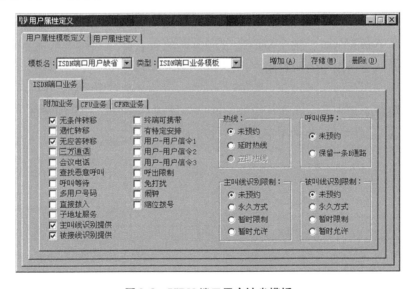

图 9.8 ISDN 端口用户缺省模板

9.2 用户属性定义

选中"用户属性定义"界面（缺省）。

用户属性定义包括需要配置的用户定位和属性配置。

在属性配置中，用户既可以用已经定义好的标准模板进行定义，也可以单独定义某个号码的用户属性。

9.2.1 需要配置的用户定位

对于普通用户和 ISDN 号码用户，是根据百号组和号码地址选择进行定位的；而对于 ISDN 端口用户则是根据子单元选择和电路索引地址选择进行定位的。

首先选择过滤条件（Centrex 群和连选群不能同时选择），然后选择用户类别、模块号和局码/单元，再具体定位某个百号组/子单元，最后选定号码地址/电路索引地址（按"shift ＋↑或↓"键或"ctrl ＋ 鼠标左键"可一次选择多个），单击"选定"按钮即可转到"属性配置"功能。

若用于配置"呼出号码限制"属性，则一次只能选一个用户。

界面如图 9.9 所示。

 注意

如果不选择百号组，则定位的是该局码中的所有用户；如果不选择号码地址，则定位的是该百号组中的所有用户。

定位好单个用户后，在属性配置中即显示该用户的属性；但如定位了多个用户时，将不显示属性（因为多个用户的属性可能并不一致）。

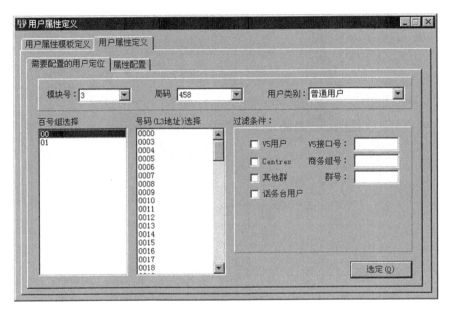

图 9.9　需要配置的用户定位

　注意

上述功能也可以在"属性配置"界面中，用鼠标单击"请选择要配置的用户"按钮，转到"需要配置的用户定位"页面实现。

9.2.2　属性配置

对应于用户模板，属性配置也包括基本属性、呼叫权限和用户业务配置三部分，选定模板名后，其用户的属性显示与此模板的属性相同。

若用户不采用模板，则也可不选择模板名，直接进行相关配置，其操作也和模板操作类似。

完成后，单击"确认"按钮即可。

界面如图 9.10 所示。

需要特别说明的是：对于"呼叫权限"中的"呼出号码限制"功能，ZXJ10（V10.0）交换机规定，每个模块最大限制呼出号码数为 96 个，用户配置时不应超过此数目，否则无效。

不同用户可以共用被限制的呼出号码。

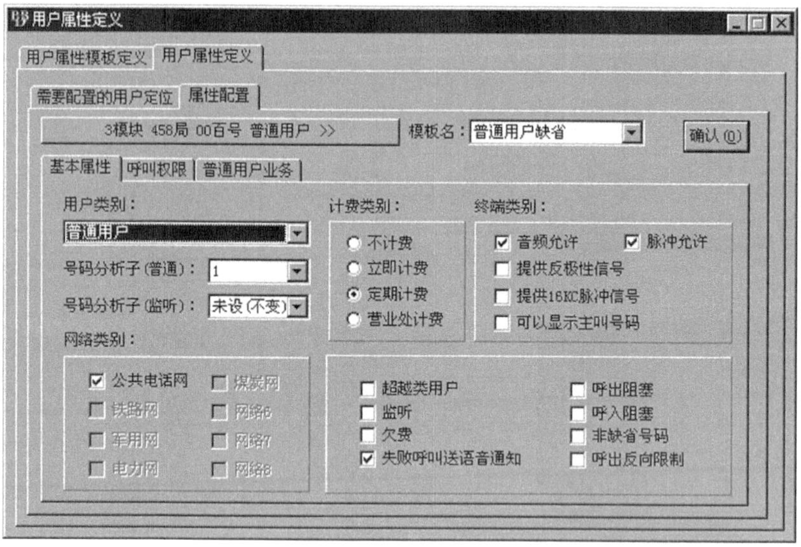

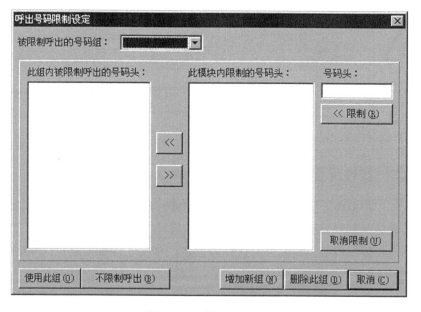

图 9.10 属性配置

在"呼叫权限"选项卡中单击"呼出号码限制"按钮，界面如图 9.11 所示。

图 9.11 呼出号码限制

由于此时尚没有被限制呼出的号码组，应首先予以创建。在"号码头"中输入要限制的号码（可全可不全），单击"＜＜限制"按钮即可将该号码加入"此模块内限制的号码头"列表（以下简称右列表）。此操作可重复进行。如图 9.12 所示。

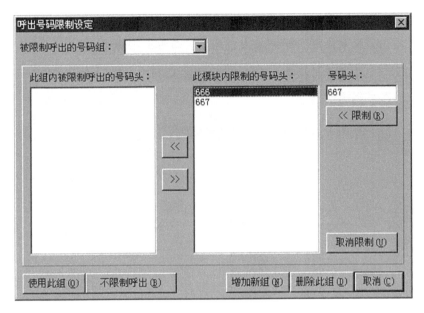

图 9. 12 呼出号码限制设定

完成后，在右列表中选定一个或多个号码，单击"增加新组"按钮将其加入一个新号码组。组号由系统自动按顺序编号，并显示在"被限制呼出的号码组"框中。选中的号码也同时加入"此组内被限制呼出的号码头"列表（以下简称左列表，它一定是右列表的子集）。如图 9. 13 所示。

图 9. 13　"此组内被限制呼出的号码头"列表

选定某号码组，它所包含的号码将分别在左、右列表中显示。可以继续输入号码头，并单击"＜＜限制"按钮加入右列表。如图9.14所示。

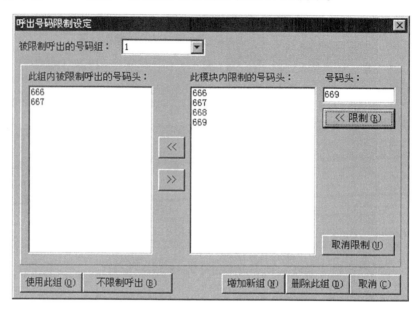

图9.14 单击"＜＜限制"按钮加入右列表

选中左列表中某一项，单击"＞＞"按钮可将其从左列表删除。选中右列表中某一项（左列表中无），单击"＜＜"按钮即可将其加入左列表。如图9.15所示。

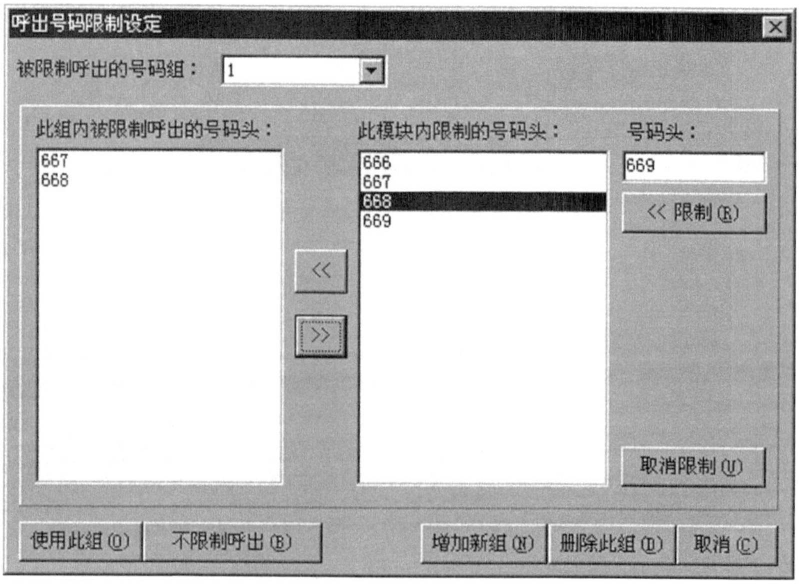

图9.15 单击"＜＜"按钮即可将其加入左列表

选中右列表中的某一项（左列表中无），单击"取消限制"按钮即可将其从右列表中删除。如图 9.16 所示。

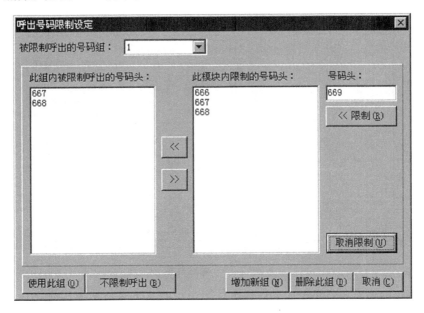

图 9.16 取消限制

 注意

左列表中存在的号码头不能从右列表中删除。

选定某号码组，单击"删除此组"按钮并确认后即可将其删除。如图 9.17 所示。

完成后，单击"使用此组"按钮可确认配置并启用呼出限制功能，单击"不限制呼叫"按钮则可确认配置但不启用呼出限制功能，单击"取消"按钮则放弃配置。

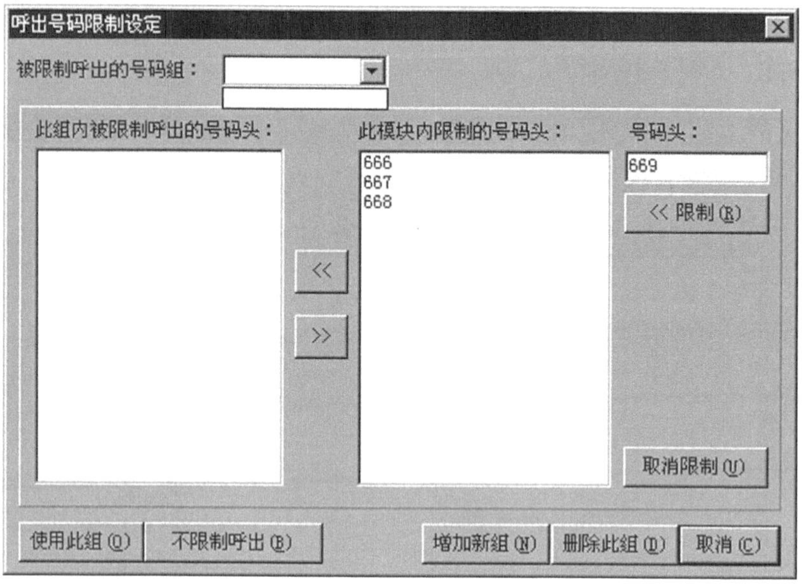

图 9.17　删除此组

　　对于已配置好的用户，如果想修改某些用户或某个用户的部分属性，可以在基本属性、呼叫权限或用户业务界面的输入标签旁的空白处单击鼠标右键，弹出如图 9.18 所示的对话框，可对用户的某些或全部属性进行修改。如图 9.18 中只选择了"PSTN 网"，单击"确定"按钮后，再单击在属性配置中的"确定"按钮，则只修改选定用户的基本属性中的"PSTN 网"，基本属性中的其他属性不修改，呼叫权限和业务操作也相同。

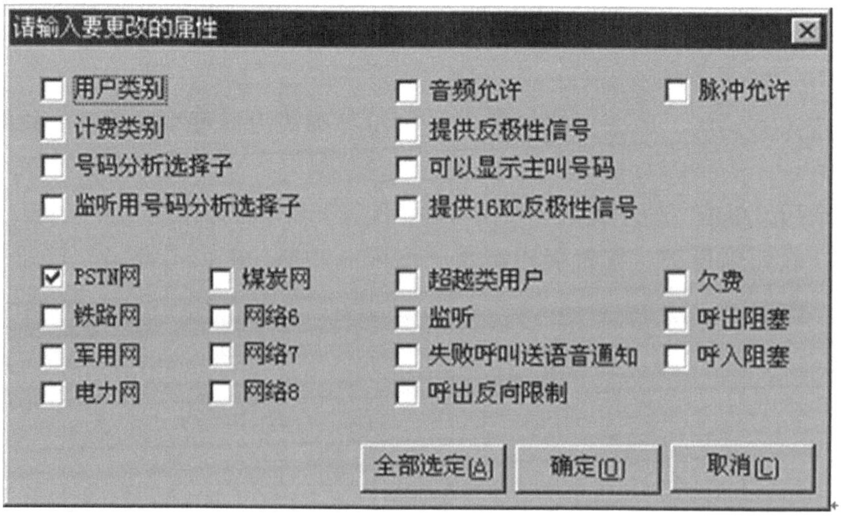

图 9.18　修改用户的部分属性

9.3 本章小结

本章对用户属性配置实验部分进行了详细的描述和展示。

参考文献

［1］中兴公司．中兴 ZXJ10 实验培训教材．

［2］卞佳丽等．现代交换原理与通信网技术［M］．北京邮电大学出版社，2005．